書店的逆襲

日本廣告鬼才帶你
逛書店 找創意

嶋浩一郎——著
陳政芬——譯

從事廣告工作二十年，經常有人問我，我的企劃案和創意是怎麼想出來的。

不只有廣告界才需要企劃和創意。現在的時代，網路很容易獲得各種資訊，不管什麼工作，需要的不是知道很多事的人，而是有創意的人。

為了激發創意，我們會查詢資訊，不過，在日常生活中，那些我們覺得「意想不到」、「沒用」的資訊，其實都很有用。

我覺得充滿「意想不到」、「沒用」資訊的地方，就是書店。如果你想要想出好的企劃和創意，請到書店去吧！

我將介紹逛書店和閱讀書籍的方法，說明這些方式如何帶來創意發想力。

「有要找的書，才會逛書店。」

「買來的書一定要全部看完。」

有這些想法的人，應該很多，不過我認為不是這樣。我每天都會逛書店買書，逛書店是我收集資訊最重要的一段時間，雖然不能把買來的書全部看完，但是買書本身就是一件很重要的事。

二〇一二年，我和書籍銷售顧問內沼晉太郎先生，一起在東京下北澤共同創立「Book & Beer」（簡稱B&B）書店。書店開張後，經常有人問我為什麼會在不景氣的時間點開書店。

因為網路搜尋、網購、電子書……，很方便，導致現在紙本書的銷售都很差。我也常使用Google、亞馬遜線上購物及電子書，但不能因此認定人們不需要紙本書。

我會在這時間點開書店，其中一個原因，是因為我喜歡書店，但最大因素還是，我認為「實體書店」不會消失。

在去買衣服的路上，順便到書店逛逛，碰巧看到相對論的書。本來是要去找工作需要的商業書，卻買了盆栽的相關書籍。實體書店的魅力，就在於「令人意想不到的偶遇」。我認為，在資訊發達的今天，一般人常去逛的書店並不會消失。

B&B書店，會供應啤酒、販售家具，每天都會辦活動。我沒開過書店，從零開始摸索，尋找新的經營方式，希望找到實體書店的未來型態。

身為一名讀者、雜誌編輯以及書店的創辦人，我將在本書為各位介紹過去的經驗，說明書及逛書店的方式。如果各位能發現適合自己的書店利用方式，是我最大的榮幸。

嶋浩一郎

目錄

第2章　你想要什麼？

第4章　激發「創意性跳躍」的閱讀式思考——

第1章

為什麼要去實體書店？

為什麼要每天逛書店

我每天都會逛書店。不只逛平常會去的書店，偶爾還會特意去比較遠的書店。出差的時候，也一定會順便去當地的書店看看。

我總會在書店不小心買很多原本沒有要買的書。這樣的情形經常發生。

很多人會驚訝地說：「這樣你每天要讀多少書啊？」還有人會說：「上亞馬遜網路書店不是比較方便嗎？」更有人會語帶嘲諷：「現在的人都很忙，你還真是閒啊！」

買書，不一定要全部看完才能再去買，逛書店這件事本身就具有意義。

為什麼我要逛書店呢？

當你要找的書已經確定，去亞馬遜等網路書店等網購的確比較方便。如果只是想看有沒有一些有趣的主題，或是想接觸新的東西，實體書店，會比網路書店更適合。

因為逛書店，你會「遇到意想不到的資訊」，這就是實體書店與網路書店最大的差異。或許你只想要找「想要的資訊」。但意想不到的資訊，其實有可能是你一直在找的，或是剛好對你有用的，只是你不知道。這部分我會在第2章詳談。

我的工作是廣告企劃，工作性質經常要尋找新的創意。為了想出好創意，不能只是自己關起門思考，而需要多收集資訊。

取得資訊的方式很多，報紙、電視、書籍、雜誌、網路。和別人聊天，在街上走走看看，也能收集到有用的資訊。

其中，我最推薦的方式是「逛書店」。當然，逛書店最終的目的，是為了買書來看，不過比起直接買書，希望各位能花點時間在書店多逛逛，因為這樣可以大大增加在日常生活遇見新資訊的機會，並產生資訊的化學變化。

第1章要介紹我逛書店的方法，提醒各位逛書店需要注意的地方，以及如何尋找適合自己的書店。

各家書店都有不同的陳列方式

很少逛書店的人，會問我為什麼要到處逛書店？

家和公司附近的書店，或是車站的大型書店，書籍陳列方式難道會不一樣？一般的書籍都是按照出版社或筆劃順序排列，或按照不同領域來分類，還有什麼特殊的排列方式嗎？

這些都是錯誤的認知。其實每間書店都不一樣！即使是同一家書店，書架上的書也每天都會調整。

每間書店的書籍陳列方式不同，只要觀察自己喜歡的書放在書店的哪個位置，就可以發現這一點。

例如，在日本，小川洋子的小說《博士熱愛的算式》擺在書架上的位置，每一家書店都有差異。

一般的書店會將這本書與吉本芭娜娜、角田光代的書擺在一起，放在女作家區。有些書店會將這本書與歷屆得獎的作品擺在「書店大獎」區。

還有些別具一格的書店，會因為這本書出現的人物是「特立獨行的科學家」，而將此書與費曼、愛因斯坦等科學家，或環遊世界各地寫作的數學家艾狄胥（Paul Erdos）等相關書籍陳列在一起。也有書店別出心裁把「江夏豐的背號」當作關鍵字〈※1〉，將此書與日本職棒阪神虎隊的相關書籍擺放一起。

從《博士熱愛的算式》這本書放在哪一區，便可看出不同書店的展示原則，及書店業者的想法。我並不是要探討哪種書籍陳列方式最好，擺設是個人喜好的問題。

※1 江夏豐是日本職棒球員，在阪神虎隊時代（約一九七〇年代）背號是「28」，《博士熱愛的算式》為數學小說，圍繞著數學算式與棒球而展開，其中「28」這個數字，因數是1、2、4、7、14，而1＋2＋4＋7＋14＝28，「28」的因數和還是「28」，在數學上，「28」是一個完美的完全數。

書店是複合式精品店（Select Shop）鼻祖

現在提到Select Shop，很多人會想到生活雜貨、服裝等商店，其實這些店還未形成風潮前，書店一直都是採用複合式精品店的型態。

雖然每家書店賣的書都一樣，但各家書店會因為擺放書籍方式不同，而看起來不一樣，書店原本就各有不同的面貌。不仔細看，會以為書店看起來都一樣，就像路上種的樹，仔細觀察，會發現每一棵都有差異。

不同的書店，遇見資訊的方式也有所不同，多逛書店，便可漸漸找到門路，產生自己的獨到心得。在不同風格的書店間，發現適合自己的書店，會更容易獲得資訊，或使你心情愉快。不同類型的書店，會使你的生活更有趣！

書店就是藉由擺設，讓顧客與書相遇，如何安排相遇的方式，每家書店都有不同的風格。舉例來說，有些書店會製作POP海報，展現特色，吸引顧客。

前幾天，我去Village Vanguard〈※2〉，看到安迪・沃荷（Andy Warhol）一本厚厚的攝影集，海報的廣告詞寫著：「這本書很重，但超便宜！」我心想，「說得太好了，真沒想到這家店會這樣寫！」有一次，我還在那裡看到一張海報，寫著「瀕臨絕種動物」，心想那是什麼，走近一看，原來是關於日本昭和時代〈※3〉不良少年的書，這種廣告真是強而有力啊！

有一些書店的風格並不願意採用POP海報等宣傳文宣，純粹以書籍陳列方式來吸引顧客注意。所以每家書店各有風格，對我來說，有很多幫助。

※2 日本知名雜貨書店，台灣設有分店名為比利治玩家。

※3 一九二六～一九八九，日本昭和天皇在位期間使用的年號。

書架風景的變化，就像高第的建築和ＡＫＢ48

「同一家書店，每天都不見得會一樣」，這是什麼意思？我以位於神保町的東京堂書店為例子說明，這個範例非常適合。

神保町是日本的舊書店重地，聚集著許多愛書人。這種地方，書店架上的書，總是銷售得特別快。

因此，東京堂書架上的書，每天都在變化。光是這就很有趣，讓人每天都很想去看看。

這家書店的更新如此明顯，屬於特殊案例，其實一般書店的書架上，每天的書多少都會被抽走，再補上新書。因此每天書店的變化都會有差異，昨天和今天不會完全一樣。書店業者每天都不斷重覆一項作業，營業的時候就是將書架呈現「目前最好」的狀態，意思是那個時間是他們認為最好的狀態。

這就像高第（Antoni Gaudi）的建築。位於西班牙巴塞隆那、建築大師高第所設計的聖家堂（Sagrada Familia）教堂，自一八八二年開始動工以來，至今仍在持續建造，時時刻刻都在變化，距離完工日遙遙無期，這麼長的建築時間，真的很懷疑是否永遠都無法完成。

我開書店後，注意到一件事。我發現，在書架上作一些更動，換上幾本書，書呈現的風貌便完全不同，就像ＡＫＢ48偶像團體〈※4〉的王牌成員變動時，整個團體的形象會立刻發生改變。

當然，書的擺放方式和陳列改變，給顧客的印象也會不同，但書店平時不會發生這種大變化，除非是整間店重新裝潢。即使賣掉幾本書，店員把新書補上，架上的書也看起來沒什麼變動，但還是可以感覺到書店的面貌已產生變化。

同一家書店，每天感覺起來還是有些微不同，或許我們能從中發現書店新的魅力與逛書店的樂趣。

※4　日本知名大型女子偶像團體。

逛書店的五個方式

我整理出「逛書店的五個方式」：

（1）逛書店不需要目的

逛書店，不需要抱著一定要找什麼書為目的，即使只有五分鐘也可以逛書店。如果跟人有約，不妨相約在書店，就算對方遲到，你也可以利用這段時間收集一些資訊。如果原本沒有買書的打算，卻在書店遇上喜歡的書，不是一件意外的收穫嗎？

（2）去看看已經有的書

如果是沒去過的書店，一進去請先找自己有興趣的書放在哪裡。觀察那本書周圍放的是什麼類型的書，了解這間書店的特色與擅長類型。我建議你，把整間書店都逛一遍。

（3）到你平時不會去的類型書區看看

試著逛平時不會去的某一區，你會有驚奇的發現。興趣屬於文學的人，請試著去看理科書籍。即使你對園藝完全不懂，也可以去看看，可能你會看到「青苔象徵什麼？」等等新奇的事物而開始著迷。

（4）注意擺放在收銀機旁的東西

收銀機旁是書店令人意想不到的好地方，那裡會擺著當時書店最推薦的東西，或店員希望顧客會「順便買」的東西。位於東京阿佐谷，一家叫「書原」的書店裡，收銀機旁擺的是青鱂魚（俗稱大肚魚）飼養法的書，讓我很好奇。

（5）請立刻買下想看的書

這點會在第3章說明。如果你還在猶豫要不要買某本書，請立刻買下來吧。與書相遇的機會很難得。

好書店的條件

到哪間書店比較好呢？這因人而異。只要找到適合自己的書店就可以了。書店是顧客與資訊偶遇的最佳場所，你喜歡戲劇性的？刺激性的？還是不經意的？就像人對小說或漫畫等有不同喜好一樣。

雖然這麼說，還是有所謂好書店的條件，為各位介紹以下幾項。

好書店的條件之一——書店前會停滿腳踏車。這代表這家書店非常受當地顧客的喜愛。雖然能吸引觀光客的書店也很了不起，但若店裡只有觀光客，沒有當地顧客，那仍不能算一間好書店。

京都的惠文社一乘寺店（以下皆稱惠文社）便是一個例子。這家惠文社的堀部篤史店長很年輕，才三十幾歲，經營書店很有一套。我在創辦B＆B書店時，從這間書店學習很多東西。

這家惠文社，在書籍的陳列方式可說是日本第一也不為過。

惠文社陳列書籍厲害的地方，在於他們安排顧客與意想不到的書巧遇，方法之巧妙，就像中了圈套一樣。

比方說，一本一九二〇年代德國攝影家的攝影集，收錄的拍攝主題是「正在讀書的人」，書價不斐。如果是一般書店，不會擺這種書，即使有擺也會放在攝影集區，但惠文社卻將這本書放在書及書店相關的區域，因此使得平常不逛藝術類區的人，也能遇見這本書。

惠文社這種安排顧客與書巧遇的作法非常細心，他們做事的態度很了不起。

容易親近的書店

惠文社對書籍的陳列很有一套，但他們又不會讓整個店的風格過於偏頗。我想是因為他們不會只讓某個想法特別的人負責擺書。

堀部先生常說：「一個想法太過主觀的人來擺書，會讓顧客覺得這家店風格太強烈，反而變成一種障礙。」因此，在惠文社，不是由單一店員決定書籍的陳列方式，而是由好幾個店員共同整理一個書架。

我覺得這方法非常好，我書店的書籍陳列方式也是採用這種方法。同一個書架，由幾個不同店員去整理。這樣便能融入多方觀點，使書吸引各種人的「注意」。

此外，惠文社擺書的平台區，經常會變換主題。

以「植物」為主題，或是以「時間」為主題，我每次去的主題都不同。

如果主題是時間，會放物理學、哲學等一般人平時不會閱讀的書，還會同時在平台的中心位置擺著大家都知道的書。像是本川達雄的《大象的時間，老鼠的時間》、麥克安迪（Michael Ende）的《夢夢》，還有被史丹利庫柏力克（Stanley Kubrick）拍成電影的《發條橘子》（A Clockwork Orange），從大家都知道的書開始陳列。這種作法非常「高明」。

所以，惠文社除了書籍豐富，同時也讓人容易親近。惠文社打造書海迷宮入口的方法十分巧妙。

生意差與生意好的書店

書店的書該如何陳列是件很難的事，如果陳列得太講究、太美，書反而會賣不出去。書賣不出去，是因為書店沒有擺放能刺激顧客興趣、好奇心的書。書店擺的書只是店員個人感興趣的書，這樣不如在家裡收集書就好了。

相反地，生意好的書店，書架常提供能發掘人未知潛力的各種觀點，所以書架的陳列方式可說是社會的一種「基礎建設」。

老實說，很多書店業者身為愛書人，卻有些自負傲慢，他們常認為，「書給懂的人看，只要懂的人能了解就好」。但書店也是服務業，這麼做對顧客不太友善，畢竟能這麼做的店不多。

如同池上彰〈※5〉先生以淺顯易懂的方式播報新聞，建立一個讓觀眾很容易進入的管

※5 日本資深新聞工作者及學者。

道，但又能探究人文科學、自然科學基本或最先進的部分，這不就是書店該做的事嗎？

開一間專賣文藝類的書，或有關時尚雜貨書籍的書店非常簡單，因為目標讀者確定。不過，一般書店不會特別鎖定某一群人作為目標讀者，所以書店不只要滿足不同人的需求，還必須刺激這些人產生新的需求。

這方面惠文社是一間非常成功、了不起的書店，現在看書的人很少，如果書店能建立起這種潮流，很多人會開始喜歡看書。

為什麼知道這道理的人很多，這種書店還是很少見呢？

從整理、庫存管理的觀點看，書店業者比較喜歡新書歸新書、文庫本歸文庫本〈※6〉，或依作者等比較容易管理的方式來擺書。這是我開書店後才感受到的事，因為面對一大堆的書海，這種不知道書擺在哪的陳列書籍方式，對買書的顧客負擔很大。

所以，願意花心思擺書的書店非常難得，對買書的人來說也很寶貴。

※6 新書是105mm×173mm大小左右的小型書；文庫本是105mm×148mm大小左右的小型書，兩者都是一種出版物的類型。新出版的書籍日文是用「新刊」，而不是「新書」。

特色書店

前面說過，同一家書店，每天也會因不同的陳列書籍方式而產生變化。東京千駄木的往來堂書店就是最好的例子。

這間書店門口的書架，放著「歷史上的今天」有關事件的書，比如「力道山的生日」〈※7〉，除了會放柔道高手木村正彥及力道山相關的書，還會放力道山被刺地點赤坂的夜店「新拉丁區」（New Latin Quarter）經理、自民黨大野伴睦（曾任日本職業摔角協會理事）及當時在場者說法之類的書；如果是「美乃滋日」，則會擺美乃滋方面的食譜。

一般人通常絕不會特別去找美乃滋食譜這類的書。原本被認為不會賣得很好的書，卻被陳列在書店的重要書架上。就像ＡＫＢ48單曲成員選拔猜拳大會，突然出現一個名字、長相，觀眾都不認識、沒看過的人獲勝，讓人感到奇怪與訝異。

※7 力道山，一九二四～一九六三年，日本職業摔角界之父，被刺身亡。

我們可以把書店當成「隨機遇到平時不會接觸到的書」，也可以因為更直接的理由，像某間書店擺有很多小書（Little press）〈※8〉，或者像京都的Gake書房（ガケ書房），店裡有養烏龜，為了去看烏龜這個理由而逛書店。

逛書店的理由很多。只要是能發現書店特別的地方，愉快地利用就好。

※8 各領域創造者所製作的限量手工書。

好書店有好顧客

另外，好書店還有一項很重要的條件，就是有「好顧客」。好的書店，就有好的顧客，為了要賣書給好顧客，書店會將好書準備齊全，形成這種循環。書店和顧客就像透過書架上的書在對話般。

前面介紹過的東京堂書店就是這樣的書店。因為好顧客會不斷來買書，所以書店也會不斷補上適合的書，因而書架每天都在變化。

代代木上原的幸福書房〈※9〉是一家很重視顧客的書店，這間書店的收銀機旁放著烹飪相關書籍，店內後方陳列人文方面等前衛書籍，這些奇怪的書賣得很好，我猜他們的顧客可能很多作家或新聞工作者。

幸福書房的業者是什麼樣的人我並不清楚，這間書店沒有用很炫的POP海報等方式

※9 位於日本東京的澀谷區。

吸引人，但是書架上有些書他們會同時擺兩本，應該代表是他們特別推薦的書吧！我把這種方式叫做「雙插」。

擺兩本的書可能是有關蚯蚓的書或自動販賣機的歷史，雖然不知道這些書適合什麼人閱讀、有什麼用，但我常不由地就買了下來。

阿佐谷的書原書店也是很多愛書人會特地前往的書店。這間書店的書都很凌亂，進入這家書店簡直就像誤闖叢林，卻感覺很棒。

BIC CAMERA〈※10〉和UNIQLO合作在新宿開了一家店「BICQLO」，打的廣告標語是「令人驚嘆的雜亂感」，書原書店正是取用這個說法。這間書店之所以能吸引從文藝愛好者到記錄文學愛好者廣大的族群，原因非常明顯。

如果你周圍有人在讀有趣的書，問問對方都是去哪間書店，這是找好書店最簡單的方法。

※10 日本知名電器連鎖大賣場。

書的陳列與關聯性

每次我看到書店書架上的書，都會覺得很有趣，如果很少逛書店，或是有想要找的書時才會逛書店，這些人大概是不會懂的。

書店一般是將書架依主題、出版社或作者來陳列書。不過，好的書店中有很多書店是採取「關聯式書架」的書籍陳列方式。

關聯式書架是個統稱，有好幾種，主要的作法是將書的內容透過一個「關聯性」慢慢地連貫起來，不是依某種順序或規則性來擺。

譬如說，在基督教的書籍旁有修道院釀製葡萄酒的書，而這本書的旁邊則有乳酪的書，以及與發酵食物有關的菌類人物漫畫……。

特別一點的書店，會在寺田寅彥〈※11〉的隨筆旁擺夏目漱石的小說。懂的人一看，就

※11 日本物理學家、隨筆家。

知道是因為兩人的師生關係，夏目漱石任職英語老師時期曾教過寺田寅彥，就算不知道這件事，找《心》〈※12〉這本書時如果看到旁邊是寺田寅彥的書，心裡應該會想，「這是誰啊？」也許會因此對物理學產生興趣。

藉由一本書來打開眼界，是關聯式書架最了不起的地方。隨書店精心策畫的關聯式書架來找書十分有趣。

不少人認為，向買某書的人推薦類似書籍，是網路書店的優點。在亞馬遜等網購會看到「買這本書的人也買了這本書」的推薦。雖然很方便，但卻有人會對此感到反感，覺得自己像被硬套在同個作者、同個主題或同個讀者群的範圍裡。

關聯式書架不會讓人有這種強迫的感覺，倒是能巧妙地試探個人的興趣。

關聯式書架不是單純地連結作者、主題，而是慢慢地將書串聯起來，同時適度地「跳過」，其他地方很少能讓人有同樣體驗。

所以，書店的風格取決於書籍的陳列方式，因此即使是同一個人，去到不同書店會買的書也完全不一樣。

※12 夏目漱石的代表長篇小說。

書店是與世界接觸的地方

不管大型書店或小型書店，只要不是專門書店等特殊書店，都會將書種準備齊全。自繩文時代的陶器至最先進的宇宙科學、運動、烹飪，說書架上是人類從事的活動紀錄也不為過。

行走在書店，就像在與世界接觸。在電腦的領域裡，美國麻省理工學院（MIT）石井裕教授等人提倡的「Tangible」（可接觸的）概念頗受矚目〈※13〉。書店就是使我們能接觸世界的地方。

一個書架便是一個世界，去各種書店，像插上插座，讓我們與「世界」相通。

網路上有龐大的資訊，但無法在很短的時間全看完，所以人們才會使用搜尋引擎。

另一方面，書店的資訊量或許比網路少，但卻可在很短的時間內瀏覽全部，這才是作

※13 可觸媒體的概念，即讓媒體不再只是冰冷的螢幕和圖元，而是以各種趣味性的方式呈現。比如石井教授開發的「天氣預報瓶」，打開瓶子，可以聽到不同音樂，而瞭解所在地區的天氣。

為「人」該有的體驗。

在書架之間旅行

逛書架就像去世界旅行。

四處逛逛，把偶然看到的書買下來。雖然感覺像中了書店店員的計，不過能在短時間，讓人得到如此豐富的知性思考與體驗很難得。

好書店是採用關聯性來陳列書籍。從哪裡開始逛都無所謂，重要的是找到適合自己的起點。如果能找到起點，就能沿著關聯性一直找下去。

尋找起點的方法很多。例如，讀過的書、知道的作家或昨天在電視上看到的人物等，從這些方面開始找起。好書店能讓顧客很容易找到起點，而且書的擺放有各種變化。

從起點開始，接下來要找什麼書？沒有正確答案，自己想看什麼就去看吧！

找到想看的書後，可以再看看它旁邊的書，想想關聯性。如果是沒興趣的書，就別勉強，繼續往旁邊移動，只要在某個地方找到感興趣的書就好。

像這樣在書架間輕快地「跳躍」（Jump），就叫做「創意性跳躍」（Creative jump），同時將各種書連成一串。

你只要找到「跳躍」程度適合自己的書店就可以了。或許你本來要去看小說，卻不知不覺買了天文學相關書籍，或是本來要找英語的書，最後卻走到擺放家常菜食譜的書架。

這不就是以某本書為起點的「書海之旅」？關聯式書架的好處就在於此。若不是採取這種擺書方式的書店，顧客從架上拿走一本書，書的意義便結束。而好的書店是從一本書開始，像骨牌效應，將顧客的世界變得無限寬廣。

你會喜歡的書店，一定是書店安排書海之旅的方式，很合你的口味，所以就算被設計買書，也會覺得佔到便宜，反而覺得「這就是我一直想要的書」、「這就是我一直想知道的事」。

現在書店漸漸減少，不過各地還是都有書店。一般在地的書店，當地書會很豐富，趁出差空檔短暫的時間去當地的書店，收集當地才有的書。所以當地的書店有些地方會讓人感覺像土產店。

請各位去各類書店逛逛，尋找適合自己的書店。

第 2 章

你想要什麼？

其實我們都不知自己想做什麼

現在很多人都會在亞馬遜等代表性網路書店買書。雖然我建議各位去實體書店買書，但是我也會使用網路書店，重點在如何靈活利用。

工作上需要的書，或是有目的地找書，網路的搜尋功能非常方便。

不管是有關古代埃及的書，還是有關寄生蟲的書等，這些特別領域的書，只要主題確定，都能用搜尋把你想找的書全都挖出來。現在網購都是用宅急便馬上寄送，這樣就不用帶很重的書走來走去，能輕鬆地購物。

真的很方便、很好，但是我們需要實體書店最主要的理由是「人類無法用文字表達自己所有的欲望」。

我們都以為，想做的事、想知道的事自己都知道，但真的是這樣嗎？

人類其實是很笨的動物，即使是一個很任性、似乎想法很多的人，如果你突然問他「你想做什麼？」、「你想要什麼？」他可能回答不出來。

所以，我認為能用文字表達的「欲望」是很有限的。而且，能用文字表達的人比例出奇地低，可能連一成都不到。或許你會認為怎麼可能，但我們就是會想要什麼，卻無法具體地形容出來。

有些腦科學家認為，人類原本就沒有「欲望」。欲望的概念，只不過是為了將自己做過的行為事後正當化的理由。不是因為想吃冰淇淋而吃冰淇淋，而是吃了冰淇淋後大腦告訴自己想吃冰淇淋。

我從事廣告工作已經二十年，其實我工作的本質，就只是「抓住人們的欲望」而已。「我想在夏天前變瘦」、「我想和男/女朋友一起過聖誕節」，這些都是很容易懂的欲望，但其實我們對自己的欲望並沒有自覺。所以，將欲望用文字表達出來變成了一種工作。透過將欲望文字化，能促進針對該欲望的商品開發或推銷。

對想銷售商品的企業來說，達成銷售目地才是他們想要的東西，所以廣告公司才能從客戶身上賺錢，對一般消費者來說，模糊的欲望被說出來，讓他們很高興。

舉例來說，「美魔女」一詞意指有了年紀但依舊美麗的女性，從日本《美STORY》雜誌開始使用後便大為流行。

過去美麗的四十幾歲女性並不少，而且女性也應該希望自己永遠美麗，經由「美魔女」一詞被提出，中年女性才開始發現自己也想變成那樣。欲望被說出來、變明確，內心才會得到滿足。

好的書店能將欲望文字化

為什麼我會談到欲望呢？因為好的書店是一個能不斷幫我們「將欲望文字化」的地方。

所謂的「好書店」，簡單地說，就是「會受書店的影響而買原本不打算買的書」的地方。無目的地走進書店，結果買了原本沒什麼興趣的宇宙相關書籍，或是買了沒去過也不知道在哪的愛爾蘭文學書。

或許原本沒有打算要買書，但這也可以說是「自己沒發現、以前就想看」。也就是在那間書店，看到那本書才發現自己的欲望。

同樣地，當我思考某個企劃案時，我不會獨自苦思或找人來開會，而是下班後跟同事或朋友去喝兩杯，這個時候反而更常讓我想出好創意。

或許是受到周圍人的反應或氣氛的刺激，使自己未被文字化的部分顯露出來。說個題外話，我們所開的書店B&B裡有賣啤酒，因為我們覺得啤酒和書店很相配。

這種將欲望文字化，甚至可以說發現欲望的功能，是實體書店最大的優點，也是需要實體書店的理由。如果能將欲望全化為文字，有Google和亞馬遜就夠了。但是，無法文字化的東西無法搜尋。

並不是說哪一種比較好，而是說兩者的優點、方便性不同。而且，對人們來說，能在書店無意發現自己的欲望，其實很令人興奮。

當然，「我一直在找的書終於在網路上的舊書店找到」這類事情，也很令人高興，不過這兩種喜悅的感覺不同。

能發現「原來我對這種事很有興趣」的地方，可以給我們很大的腦力刺激。在日常生活，能讓我們有這種經驗的地方，就是書店。

欲望可分為「已被文字化」的部分，與「未被文字化」的部分。已被文字化的欲望，是因為知道自己想要什麼，所以去找，未被文字化的欲望，是如果沒有吸引我們注意，就不會知道。簡單來說，亞馬遜等網路書店的優點是「讓我們找到想要的東西」，而實體書

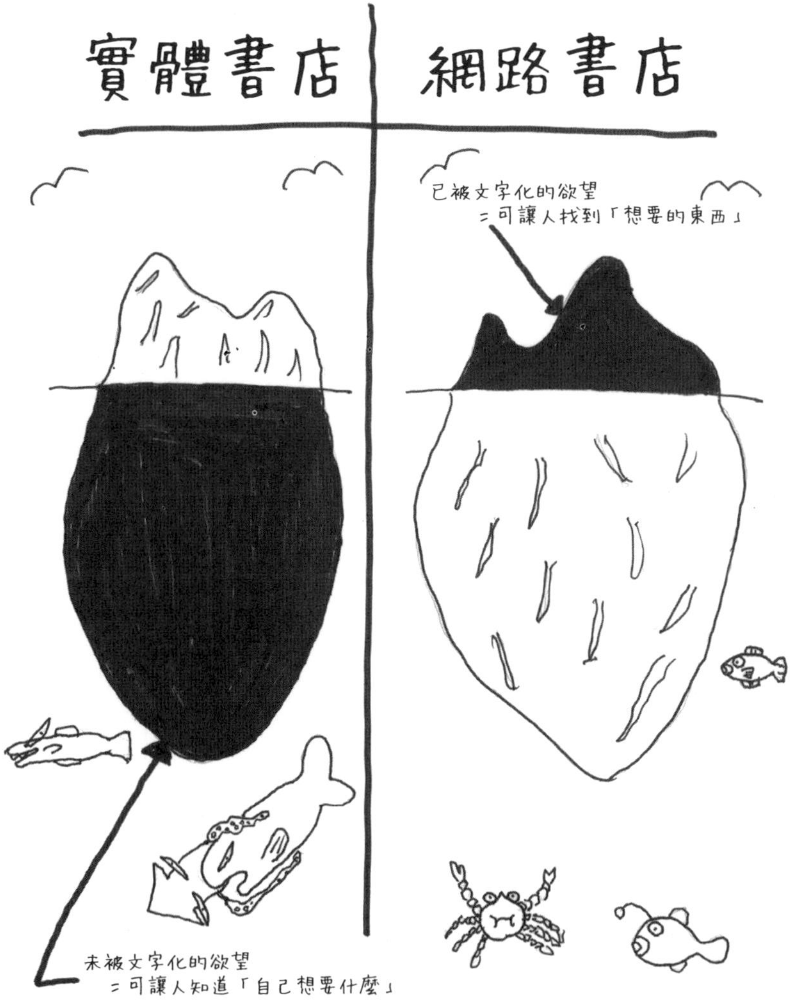
實體書店
網路書店
已被文字化的欲望
=可讓人找到「想要的東西」
未被文字化的欲望
=可讓人知道「自己想要什麼」

店的優點是「讓我們知道自己想要什麼」。

或許將來有一天，隨著網路搜尋技術等進步，可以輕鬆用網路找到我們還未被文字化的欲望。但目前還是只有書店，能幫我們很快找到「未被文字化的欲望」。

書店與數位廣告的共通處

以前我曾在印度以「數位廣告的製作法」為題演講。那場演講談的是報章雜誌、電視等傳統廣告與網路等新數位廣告的差異。

廣告，簡單來說就是訊息的傳達。傳統廣告主要是將想傳達的事做成廣告直接說出，而網路廣告是使顧客注意到「啊！這就是我想說的！」

阿姆斯特丹的史基浦（Schiphol）機場，裡面的男廁小便池裡，畫有一隻蒼蠅的圖案。雖然沒有寫「請勿弄髒小便池外面」，但是使用者上廁所時，自然就會對準那隻蒼蠅。

隨著數位科技的發達，廣告開始讓使用者「體驗」，像是使用者參加社群網服務（SNS）、在YouTube觀賞影片或是玩遊戲等。

就像史基浦機場的例子，讓使用者覺得擁有體驗的自主權，是網路傳播必備的。因為，自己發現的東西會比別人給我們看的東西更令人印象深刻。

舉例來說，曾有個企劃案是以網路投票來決定，要不要恢復某個杯麵過去曾有的某種口味。這樣，大家就會主動在推特或臉書上寫下自己的看法。雖然主辦單位沒明說希望大家那麼做，但卻讓顧客想主動參加，這就是一個很好的例子。

為什麼我要談這些廣告的事呢？因為我覺得這種「讓顧客享有自主權」的最新宣傳想法，與關聯式書架的書店作法極為相似。

碰到有趣的關聯式書架，會覺得是自己自願買書。若要說這也是一種「被迫購買」我也無話可說，不過這種書店可讓自己得到發現的喜悅。從這層意義來看，好書店是現代宣傳的一種新手段。

在書店五分鐘獲得的資訊量

從資訊量的觀點來看，即便只在書店裡五分鐘，我們看到的資訊量仍然非常可觀。書的封面上有刊登各種訊息以利書的銷售。從書名、作者名稱、書腰上的宣傳文字等，可清楚知道一本書的內容。

陳列很好的書架，就像一種傳遞設備，能讓顧客接收大量的資訊。從資訊的形式來看，可發現書店的書架是很有用的東西，而且每間書店都不同。

位於東京丸內的丸善書店，在一樓門口陳列著商業人士想要的資訊，而涉谷青山書店的平台區擺放當地的風俗習慣、創作者想要的藝術或設計類等書籍。

這些書架上同時陳列著現在市面上正在銷售及書店想賣的書，顧客可從中了解現在的脈動或預知今後的流行趨勢。

興趣與知識體系圖

書店還扮演一個重要角色——讓我們知道自己的興趣在世界體系中的位置。

使用網路書店搜尋，我們只能看到某本書或所有符合搜尋關鍵字的項目。很難判斷搜尋的書和詞彙在世上佔的位置。

當我們用網路搜尋不懂的詞彙，常會看到維基百科之類的網站，看完了解後便結束。雖然也會有相關詞彙的連結等，可以從中得到某種程度的資訊，但我們還是不知道自己搜尋詞彙的重要性或是一般人都怎麼使用。

實際去逛書店，依據那本書位於哪一區，以及在書架中位於什麼位置，就可以知道現在自己有興趣的書，在整個知識體系位於什麼位置。

比如以次文化為主的書店，將某本書放置在店最中央的位置，但在一般的書店，這本書則會被放在次文化區，看擺的方式，可知在同樣次文化的世界裡這本書是主要還是次要的。

利用網路搜尋資料，就像帶著放大鏡找森林中的一棵樹，雖然找起來很容易，但可能有「見樹不見林」的風險，而書店則像瞭望整座森林的地圖，可以知道買的書或在找的書在世上的「相對位置」（見下頁圖）。

當然，輕鬆找到「想知道資訊」的方法很重要，但是知道其在世界縮圖中的位置也很重要。

依賴網路過生活，會以為自己知道的資訊就是全部。

有些人會認為確實收集各種資訊就不會有問題，但是我們對網路會有「確認偏差」（Confirmation bias），只就某個意義、某個證據去尋找。

假設在調查豆腐，最後變成嫩豆腐與板豆腐的比較，如果用網路搜尋，一定會找到兩方的意見。

這時若能公平地比較兩者的意見，那當然最好，但因為要查的東西自己根本不熟，很難做到公平比較。結果造成只看符合自己想法的資訊就認為那是全部。

網路

很容易找，但會「見樹不見林」

書店

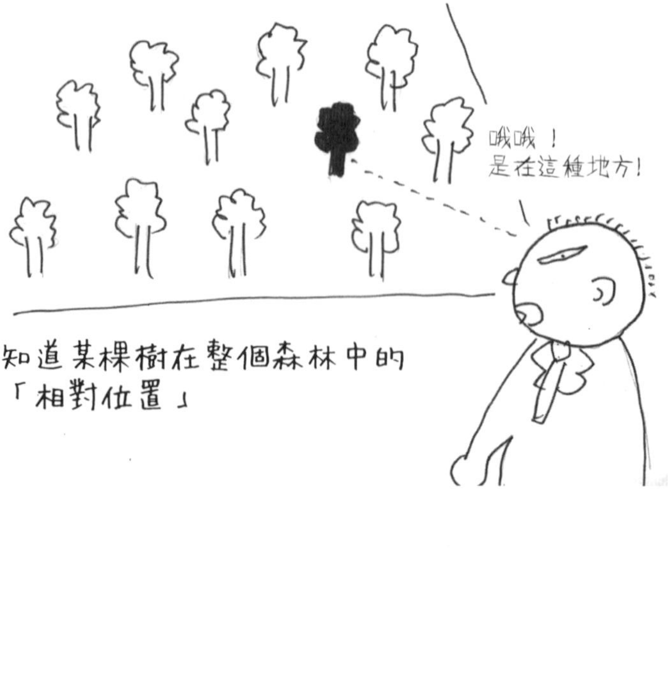

知道某棵樹在整個森林中的
「相對位置」

以時事話題來說，就像討論核電的好壞也是如此。

先不判斷對錯，核電問題不僅是核電單一的問題，還涉及火力發電的天然氣或頁岩氣相關議題，以及地球暖化、經濟成長等問題。

書店可讓顧客一覽全部而非片段的資訊，知道資訊位於何處，能獲得被整理過的資訊。

知道整體當中的位置，便能將興趣從原地拓展至鄰近區域，系統性地掌握知識。

無用資訊的重要性

當然，找企劃案所需要、特定的書，我也會使用網路書店。如果要找的東西確定，網路的確非常方便，這點實體書店再怎麼努力也不是網路書店的對手。

但是，在這之前的階段，也就是不知道有什麼好創意的情況下，還不知道自己要找什麼資訊，擁有與創意有關的知識越多越好。

說到擁有的知識，各位或許會想成是「平時最好就收集可能有用的資訊，加以整理，以便隨時可拿出來派上用場」等商業技術性的資訊。

但我覺得比起收集「有用」的資訊，收集「無用」資訊的人更能提出好的企劃。

當然，直線式找答案的作法是最基本的，還是要學會，不過碰到其他相關的資訊時，不要直接認為「沒用」，因為思考的過程和訓練，能使人充實、產生創意。這點我會在第

4章詳細說明。

學問有何用處？

雖然新聞時有諾貝爾獎、世紀的發現之類的報導，但現在的科學過於進步，外行人大部分還是霧裡看花。雖然記者努力將新聞報導更加淺顯易懂，但大家都還是不懂。

因此，記者採訪受訪者，一定會問一個問題，就是「這有什麼用處？」我也曾在雜誌的特集裡問過這種問題，結果學者竟然不知如何回答。為什麼？因為研究者有時也不知道自己的研究「有沒有用」。

世界進行的研究，大多無法馬上看到用處。但是，有些研究具有在二十年後、三十年後改變世界的影響力。

十九世紀英國知名科學家法拉第發現「電磁感應定律」，就是電與磁氣密切的關係。

這項成果帶來電磁波的發現，電磁波又帶來無線通信、今日的廣播電波等技術的開發。

不過，據說當時英國的名政治家威廉・葛萊德史東（William Ewart Gladstone），問法拉第：「電有什麼實用價值？」法拉第回答：「我不知道它有什麼用，不過應該可以用來課稅吧！」

日本信州大學有一位研究鼠婦（wood louse，俗名糰子蟲）的森山徹老師，以前《Kettle》雜誌曾採訪過。他在過去十五年間進行鼠婦的研究，數量多達一萬隻，最後他的結論是「鼠婦也有心」。

舉例來說，鼠婦走路有個特性，那就是它走路會呈閃電型，會向右移動後再往左，再往右移動。〈※14〉偶爾有些鼠婦會一直向同個方向移動。也就是說有些鼠婦會捨棄它的「本能」。

如果將鼠婦放在被水圍繞、像個島的地方，二十一隻蟲裡，大概會有三隻會開始游泳。通常，鼠婦進入水裡會在數十分鐘內窒息而死。

從結果來看，森山徹老師認為被放在極限狀況的鼠婦，會促使非本能的「隱藏活動部位」運作，證實鼠婦是有「心」的。

※14 這稱為「交互性轉向反應」。

得知這種事不會對實際生活直接產生用處，但我聽到這些事覺得很有趣。

我覺得這與在非洲出生，後來越過白令海峽前往美洲大陸的人類大遷移極為類似。學者認為紐西蘭的原住民毛利人，祖先是從大溪地等處渡海的玻里尼西亞人，那些不知道前方有沒有島卻還依然決定渡海的人，與游泳的鼠婦似乎有某些共通處。

以下的說法對從事研究的老師很抱歉，鼠婦的知識對我們或許沒什麼用，卻帶給我知性冒險的快樂。這已超出有沒有用的問題了。

比起是否有用，學者更在意的是自己的興趣，他們熱衷研究自己喜歡的事。比起是否有用，他們比較想知道的是新事物，並加以解釋。如果是物理學者，他會想將世界的各種事物，由何種物質形成、這些有何關聯，以一個大的理論體系來說明。

知道冥王星，我們的生活也不會變富裕；知道宇宙為什麼會誕生，我們的日常生活也不會有什麼改變。但我覺得知道這些事非常有趣。

社會還有很多「沒用的研究」在進行，最後也只有幾項研究，像網路、GPS衛星、iPS細胞，才會變成有益於世的東西，正因為有很多沒用的東西，才有那些有益於世的發明。

書店是去遇見無用之物的地方

正如前述，企劃等工作也是有這種沒用的資訊做後盾，你的提案就越有深度與說服力。看過各式各樣的人工作後，我覺得從沒用的資訊中，反而會產生創意。

比方說，思考企劃案，有的人會坐在電腦前用Google找資料。

現在透過網路查資料變得非常方便，不再需要去圖書館。不過，搜尋的結果不管誰來看都是出現同樣的東西。找到資料後再以各自的觀點將其加工成企劃案或創意，這時若能加入自己獨特的想法，就會產生與眾不同的創意。

我覺得，比起拿著和大家同樣的武器作戰，擁有無用之物的人，最後反而比較有作戰力。

逛書店是為了遇見無用之物，遇見「無用之物的幸福」，正是書店的本質。

在書店書架前閒逛，就好像漫遊在浩瀚無用的知識世界裡，是一種很單純的快樂。我會喜歡書店，或許就是因為喜歡漫遊在知識的世界裡。

如科幻小說作家以撒・艾西莫夫（Isaac Asimov）所說：「人類是唯一會因為得到無用的知識而覺得快樂的動物。」享受無用的知識是人類的特權。

不管要找的資料是商業方面也好，人際關係方面也罷，比起用網路搜尋直線式地找答案，繞點路，邊接觸各種東西邊找資料不是更有趣？這也可以稱為「迂迴式的前進」吧！

我們可以把書店當作享受無用知識、迂迴樂趣的地方。

書在還沒讀之前，不知是否有用

「世上沒有沒用的資訊」，聽起來像一種精神論；而「沒用的資訊卻能讓我們快樂」，就像一個人沉浸在鄉愁裡，是一種情感性的東西。

但我認為，擁有沒用的資訊會使生活充實，這充實能產生有趣的事。就這層意義來看，並非真的沒用。

現代社會很忙碌，人們可以透過網路直接得到想要的東西，但那些東西現在是否真的需要，我們並不知道，也不在意。

書是一種很奇特的商品，還沒讀前，不會知道它是否有用。雖然從書名、作者可以略窺一斑，但是有可能閱讀後才發現當初想錯了，原來書裡的內容都已經知道了。

這幾年出版社「實用性」的書出版過多。這是為了因應讀者的要求，整個社會就像得了「實用病」。

怎樣才能年收入三千萬日圓，或是如何靠投資賺錢等，強調「實用」的書非常多，這些資訊只不過是龐大資訊裡的一小部分，如果這些實用的資訊真的有用，大家早就都是年收入三千萬日圓的人了。

一般認為資訊是有用的東西，但不一定如此。

有人說，即使讀了探索渤海國〈※15〉的美術，或繩文時代陶器製法的書，但知道這些有什麼意義呢？的確如此，不過，「原來陶俑全是女人做的」，將這樣的事儲存在腦中，或許在某個時候它就會有用。

你買的書不是馬上有用，也不必失望。

杜斯妥也夫斯基〈※16〉的代表作有《罪與罰》、《卡拉馬佐夫兄弟》，讀他作品的人，也不是為了讀這些書之後能馬上有用而讀。

讀過書的體會、心得，在那個人往後人生會有何用處，沒人知道。或許要等到人生的終點，才會發覺是怎麼回事。

也有些人是碰到問題再到書店找有用的資料，就像「對症下藥」一樣。不過那些原本

※15 亞洲大陸東北地區的古老民族「靺鞨族人」建立的國家，管轄東北地區、朝鮮半島北部、俄羅斯濱海邊疆區。

※16 一八二一～一八八一年，俄國作家，是對二十世紀文壇影響深遠的人物。

沒打算要買的書，與其說它像感冒藥，倒不如說像慢慢顯現效果的中藥。

書店是「非現在馬上有用之物」的寶庫，如果把書店當作資料中心，逛書店就會像學者做研究；把書店當玩樂的地方，在書店裡東找找西看看，才會有樂趣。

第3章

買書，不必為讀書！

珍惜與書的相遇

用前面所說的方法，各位應該能找到適合自己、喜歡的書店。前往這種書店，有一點要記得，與書的相遇「機會難得」。為了不錯過這難得的機會，只要是有興趣的書，就請買下來！

我不是因為自己開書店和做出版社的廣告才這樣說。

很多人在書店發現很有趣的書，會下次再買。這種方式並不正確。那時想要某本書的想法很快會忘記。除非是十分確定想要的東西，否則絕不會再去找，或是再去一趟書店。

令人很訝異的一件事是，很多人不知道書很快會從書店消失。再好的書，只要賣不好，出版社就不會再加印，要是書被別人買走了，可能就不會再出現在那家書店。即使是暢銷書，幾年後是否還能買到沒有人知道，因為出版業是一個商品更新十分快速的產業。

只要是有一點興趣的書，就買下來。經濟沒有困難，就可以「大採購」。但昂貴的學術書就另當別論。如果是一千日圓左右的書，你可以慢慢逛一圈，再將所有印象深刻的書都買下。

最好把書買下來，不是為了以後要讀。買書的行為，也是一種將想要的資料「做記號」的行為。

「鼠婦的生態好像很有趣」等，當場一時興起的「渴望」很快就會被遺忘。你也可以說會忘記那就不是重要的事，不過，把當時的興趣、被吸引的感受保留下來，其實很重要。

若要把興趣一一記下很麻煩，而且也無法完整地用文字表達。但只要把書買下，就能直接將興趣「打包」好。可能事後常會發生不知道自己當初為何會買某本書的情況，不過我覺得無所謂。

買書不讀沒關係

有些人會覺得，買那麼多書會看不完。但書沒讀也沒關係。

日語有一種說法叫「積讀」（積ん読），這是指買了書沒讀，將書直接堆積在書架或書桌上。很多人似乎對這種「買了書沒讀，把書堆著」的情形有罪惡感，但我們完全不需要感到罪惡。

前面我曾建議，為了將「想要知道的資訊做記號」，請把書買下來。那些買來的書，是反應自己想知道的事或需求的一面鏡子。把那些書放在自己看得到的地方，平時只要看一下，就會刺激腦力。

那天，自己想買天文學和爵士兩種書——把這樣的事直接留存下來是很美好的事。不需要否定「買了書沒讀，把書堆著」。雖然看起來像把書扔在一邊，不過這其實有特別的含意。

「買了書就必須把書全看完」——根本是神話，很多人會有這種老套的想法。把書當作神聖之物，必須從頭到尾讀完，把書的內容完全吸收，這樣的觀念，是一種惡習。

又或者是出於「別浪費」的精神——因為特地用錢買的書，沒全看完、吸收，是一種損失，這想法是多餘的。抱著「別浪費」的精神反而是一種浪費。

「必須把書全看完」的神話，現在要馬上捨棄。不需要因為買了書就一定要讀。買了書就結束了，如果有讀，是你賺到，如果能用這種心態面對，心裡會舒坦些。

這也適用於看電影，由於一般人會想要「空出完整的兩小時」把電影一次看完，所以用智慧型手機看電影之類的服務，拓展會受限。其實不管是書還是電影，用零碎的時間概略地看，這種方法也很好。

就像用手機看推特和Line，書也是可以讀看看，有時你會意外地看到不錯的內容。

書不是那麼神聖的東西。我們可在書頁上折角、做筆記、貼便利貼，甚至還可把書撕下來。

書「只是書」，所以請丟掉「要把書看完」、「坐在桌子前看書」的老套想法，請將

「書當作朋友」，以輕鬆的心情面對。

書的「地雷」

常有人問我：「要看什麼書才好？」

書是欲望的一面鏡子，逛書店當下想看的書就是你該看的書。但有些人會不知不覺地選「大家都在看」或被推薦「有用」的書，背後的因素我想是因為這些人有「不想浪費時間」的心理。

這麼做是錯的，因為書也會有「地雷」。

書的資訊特性是，在沒讀前，連是否有趣、裡面所寫的內容是否有用、或是不是原本要找的資料都不知道。

所以一定會有買錯書的時候。

現在的網路時代，立竿見影地找到需要的資訊是一件很酷的事。很多人不想要查到「無關」的資訊，希望以最短的途徑找到想找的資訊。而書變成了效率很差的資訊取得手段。

但我認為最好捨棄這種只重視效率的作法。

什麼很有趣？什麼是新的？什麼是有用的資訊？最終都要由自己去判斷。磨練這項能力，就是要看你是否接觸過書的「地雷」。

「這寫得很無聊！」這種經驗乍看似乎沒用，但是沒有這種經驗你就不知道什麼才是真正好的東西。避免失敗就無法培養判斷力，最後就得依賴別人的評價來做選擇。

不是說別人的評價不好。但重要的是，在得到資訊前，不能只依賴別人，而是自己必須有最終的判斷標準。

如何選購書籍

買哪一本書的選擇標準因人而異，代表性的模式有三種：「眾人評價型」、「推薦型」和「直覺」。

「眾人評價型」是指依照「暢銷」人氣。調查銷售排行、「Tabelog」〈※17〉上的評價，再判斷排名是否不錯。

「推薦型」是指以特定人的「推薦」為準，像報紙、雜誌、電視等書評或是「前田敦子〈※18〉讀了某本書，大受感動地哭了」之類的文宣。芥川獎、書店大獎等文學獎亦屬此類。

「直覺」是指直接以自己的感受來發現有趣的書。書還未讀前我們不知道書的內容，為了找到適合的書，需要某種「直覺」。如果沒有接觸過不好的書、買錯書，便無法養成

※17「食べログ」，日本美食評價網站。

※18 前AKB48王牌成員。

這種直覺，不過這不是要各位只依賴自己的直覺。

這裡並不是說這三種模式哪一種好，而是希望每一種，各位都能靈活運用。

不過，看目前社會的風氣，直覺的部分看起來嚴重衰退。

最近博報堂的新進人員就有這樣的員工——他帶我去他常去的一家店吃中餐，然後問我：「嶋先生，這家店在Tabelog是三顆星，你覺得好吃嗎？」當然，我有時也會參考Tabelog，不過這種時候我更想知道他為什麼喜歡這家店。

此外，只依賴某個特定人士的推薦也不好，雖然我也參與書店大獎，在做「書店推薦的書」等工作，這樣說很矛盾。

以前，《BRUTUS》〈※19〉雜誌總編輯西田善太曾說過：「依賴別人的推薦就是放棄自己的好奇心」。的確如此，我想說的是：「為什麼要放棄好奇心？這是最可貴的地方呢！」

為了滿足好奇心，刺激自己還未知的好奇心，就要利用書。希望各位能善用「眾人評價型」、「推薦型」、「直覺」三種方法，找到最適合自己的作法。

※19 早期是男性雜誌，近年轉變為刊載日本文化與生活風格為主的內容。

高達式閱讀法

接下來談具體看書的方法。

沒有說一定要怎麼閱讀。「怎麼閱讀都好」是閱讀的唯一方法。

「看書要打開封面從第一頁讀到最後」、「不可以在床上看書，看書必須坐在桌子前看」等等，很多人有這種「印痕行為」（Imprinting）。印痕行為就像「在眾人面前別談錢的事」等觀念一樣地根深蒂固。

因此，我想提出更隨興的看書方式。

首先，書不需要全部讀完。

書的開頭會寫重要的事或結論。讀「前言」或是第一章，大概就能了解作者想說的事，只讀那些地方就可以了。

知名新浪潮大師〈※20〉法國電影導演高達（Jean-Luc Godard）說：「看電影只要看十五分鐘便可了解一部電影」。據說高達看完電影開頭的十五分鐘後，便離開電影院去看下一部電影。

這種高達式作法也可用在看書，永江朗〈※21〉先生將此稱為「高達式閱讀法」。看剛開始的幾頁，如果了解作者想說的事及內容，就可以闔起書，繼續看下一本。

有些人會說：「沒把書全看完會不了解作者真正想說的事」，不過這裡不是要對作者反駁或對該書批評，而是書裡是否有覺得有趣的地方，若是有就採納。

那麼，一定要讀開頭嗎？也不一定。

你可以很快地翻書，碰到有趣的內容再讀，也可以先讀後面。如果是小說之類的書就無法這麼做。總之，若能看到一篇印象深刻的文章，讀那本書的價值就很足夠了。

※20 法國新浪潮是影評人對於一九五〇年代末至一九六〇年代的一些法國導演團體所給予的稱呼，特色在於導演不只主導電影，更成為電影的作者和創作人。

※21 日本作家。

初學者的「同時讀法」

看書還有一個祕訣為「同時讀法」，同時讀好幾本書。我常同時讀三、四本書。以愛讀書聞名的前日本微軟總經理成毛真先生，更建議同時讀十本書。

同時讀法的好處，是不同的書所寫的事，有時會與沒想到的地方有所關聯，可從不同的觀點來看同一件事。

比方說，同時讀比利（Pele）和亨利福特（Henry Ford）的傳記。

亨利福特為首次量產型汽車T型福特的開發者，一直在追求有效率的生產方式，他是發明大王愛迪生（Thomas Alva Edison）的崇拜者，曾向愛迪生推銷自己的創意，還一起吃飯，仿效愛迪生設立研究室。

前巴西足球王比利的本名叫Edson。據說比利出生後，村子裡開始有電，大受感動的比利父親便將兒子取了源自愛迪生的名字。

「所以，那又怎樣呢？」有人這麼說我也無可奈何。但我認為，以愛迪生為橋梁，將比利與福特兩個乍看像是無關的人連結在一起，實在很有趣。

雖然這是無用的資訊，但如果哪天有人要我思考與亨利福特有關的企劃案，或許我就能藉由比利想出意想不到的創意。

對於沒有同時讀法經驗的人來說，會因注意力無法集中而很難進行。建議初學者可讀同時代的人物傳記。

要將完全沒有共通點的兩本書連結在一起很困難，但因為有「同時代」這個簡單的共通點，很容易把兩本書連結在一起。

或是去擺放良好的「關聯式書架」的書店，買擺在同個書架上的兩本書也是不錯的方法。

想要快速找出進化論和杜拜建築書籍的關聯性，並不容易，因此可先縮短範圍找相關的要素，等找到再慢慢擴大。範圍越大，越有趣。不僅同時閱讀的書可能有關聯性，「這本書和我幾年前讀過的那本書說得一樣」，有時也會有這樣的情形。

進行同時讀法或許一開始很難，請試著讀讀看，比起只讀一本書，你可能會有豐碩的意外發現。

這種能力叫做「連結力」。有了這種將不同題材連結起來的能力，你就會有很多打動人心的寓言故事可以講。

這會讓你講起話來更有魅力，並且寫作能力、簡報能力和說服力都會大大提升。或許還可提升你意外發現有趣或有價值事物的「偶然力」（Serendipity）。

在書上寫字

書不僅可以拿來讀，還可以當工具「使用」。能否善加利用書反而比看書更重要。

我會在書上貼便利貼、折角，還會寫字，也常把書頁撕下。此外，我還會在居酒屋邊喝酒邊看書，所以書上常留有很多食物或酒的痕跡，我的書無法當二手書店賣。但是，那些痕跡對我來說是有價值的。

把裝訂得很美的書很珍惜地擺在書架上，那種對書如戀物癖般的心情我也懂。我並不是要否定這種興趣，而是從不同的角度來看，我覺得很多人沒有把書當作工具。

我平時是用粉紅色的簽字筆。使用黑、藍、紅色筆的人很多，用粉紅色的人比較少見，常有人問我為什麼用粉紅色的筆。

因為粉紅色是很明亮的顏色，看了心情會很好，但最主要的理由是，即使我在書或報紙的印刷字旁直接寫字，因為有顏色區隔，就算字都擠在一起，我還是能讀下去。

有時我會和人一邊說話，一邊就在我還在看的書上用粉紅色的簽字筆寫下電話號碼，一旁的人看了都會嚇一跳。我這麼做是因為，寫在我正在讀的書上，要找會比較好找。

可以在書上寫下對書的感想，有時我也會寫與該書內容無關的創意或事情。

比方說，我去美術館看見某處寫著「圓山應舉〈※22〉曾在玩具店工作過」，要是手邊沒任何紙張，我就會把這資訊記在我口袋裡的文庫本，把書當作記事本用。

不管書上是否有空白處，就算寫的字會蓋住印刷字也沒關係，我會用稍大的字寫，這樣剛好。因為字大小不同，所以兩邊的字都可以讀。十幾年前發明這種作法以來，大家都說很好，不過卻沒有人學我這麼做，真可惜。

據說藝術總監森本千繪〈※23〉如果去外地旅遊或出差，會買當地的報紙——南日本報或陸奧新報，然後在報上寫繪畫日記當藝術作品。

藉由在地方報紙上寫日記，將那天所發生的事和自己的心情美妙地連結在一起，讓她感覺就像把那天在那裡的旅遊日誌記錄下來一樣。

雖然我用「粉紅色簽字筆」的用意沒到那種程度，但還是有些相似之處。

※22 一七三三～一七九五年，日本江戶時代畫家。

※23 日本知名設計師、藝術總監、goen°設計事務所負責人，獲獎無數。

把書貼滿便利貼

以前在我的《嶋浩一郎產生創意的方法》一書裡介紹過，看書具體的「收集資料」方法，就是「貼便利貼」與「抄在筆記本裡」兩種。

看書，要是覺得某處「很有趣」、「很好」，我就會在該處貼上便利貼。回頭再來看，便可馬上知道哪裡不錯。

我推薦的便利貼是住友3M的Post-it「堅固」系列。這種便利貼只有前半段有顏色，後半段則是透明薄膜，所以不會讓被貼的文字看不見。

這種便利貼大小跟名片差不多，所以我準備了幾個，放在名片盒或口袋裡帶著走，我在家到處會放便利貼，以便隨手取得。這樣不管在哪裡看書，只要看到有趣的地方，就可以馬上貼上便利貼。

覺得「很好」的部分越多，便利貼也就越多，整本書看起來就像一隻劍龍。回頭再來看，哪本書比較有趣便一目了然。

或許你會想將所有貼了便利貼的資料加以運用，不過請暫時忍一忍，讓它沉睡一個月。讓那些資料像威士忌、葡萄酒一樣慢慢地「熟成」。

一個月後再來讀貼有便利貼的部分。有些看了能馬上想起自己為何會在那裡貼便利貼。有時候也會想不起來，但回想是一個很重要的過程。

我也常想不起為何自己會在某處貼便利貼，不必為這種事懊惱。如果完全想不起來，就算了。

此時，再從中將那些覺得有趣的部分抄在筆記本上。無須將這些資料分類或考慮順序，直接照抄即可。我所做的也只是把抄的內容按順序加上號碼而已。

我把這樣寫成的筆記本叫做「一線筆記本」，因為這是從貼了便利貼的書上，收集的一線資料。（我還有二線筆記本，主要是收集自己在各種書上所寫的筆記。）

一有機會我會把一線筆記本拿出來看。不是為了要熟記內容，也不是為了要記得哪裡寫了什麼。而是，這些無關的資料早晚會派上用場，或是有時我會發現資料間的關聯，至今我有多次這樣的經驗。

別把這種事「義務化」。一旦做某件事變成義務，就不會想做了。

書上只要有有趣的地方，我都會直接貼上便利貼，有沒有用以後再說。我不會依主題區分便利貼的顏色，這樣很麻煩，何況我不會再重新檢查一次。

原則就是「將事情簡單化」。

家裡的「小型知識充電站」

總之，最好丟掉「必須正襟危坐才能讀書」的想法，要把書當成日常生活中，只要有點時間，就能接觸的東西。讀某些書最好能集中精神地讀，但是現在的人們很難有完整的時間。可先從能在零碎時間閱讀的書開始進行。

為了善用所有零碎時間，我從放書的地方開始改變，書不一定要放在書架或桌子附近。

我家的門口、廁所、浴室都變成書的集中場。因為這些地方我每天一定會經過，就像家裡檢查站的地方。

我會配合這些檢查站，放置分段閱讀的書，像是雜誌、圖鑑、攝影集、編年史等。《國家地理雜誌》的報導、村上春樹逐一解說爵士樂手的《爵士群像》（Portrait in Jazz）

等書，在短時間內分段閱讀。

每次經過這些地方我就會去讀那裡的書。但每次經過都非讀不可，就會變成很痛苦的事，所以我把它想成是每次經過這些地方時，可以取得一個「小知識」的充電站。

如果這些地方什麼都沒有，我就只是經過而已。在這些地方放奇怪的東西，或許就會發生「奇特」（ひょん）的事。

你可能在想會發生什麼「奇特」的事？這就和平時讀書一樣，無意間看到的內容或疑問，會讓我們思考自己不曾想過的問題，發現自己不曾想過的面向。

這裡補充說明一下，依語言學者堀井令以知先生的看法，「ひょん」是來自於日本東北方言對一種植物「槲寄生」（mistletoe）的叫法，槲寄生是寄生於其他樹木而被認為是一種很奇特的植物；新井白石〈※24〉先生則在書中說到「ひょん」是「凶」的一種讀法，而「凶」是意指不吉之事。

放在廁所的書並不是一直都在廁所。我進廁所會開始看書，有時上完廁所後書還沒看夠，我就會直接把書帶到床邊。有時情況相反，書會被我從床邊帶去廁所。

※24　一六五七～一七二五年，日本江戶中期學者、政治家。

我家的書會因為我拿著到處讀而變換位置，所以不需要特地把書放回原處。如果碰到在某處找不到某本書的情況，我會看那裡其他的書。我家書架上的書都是經過這樣的更替。

所有的書我都不丟掉

我是「捨不得丟東西的人」。別說是書，連雜誌我也不丟。

所以我有空間不夠用的問題，但是我還是會很肯定跟各位說：「別把書丟掉！」

我家裡擺著《Pia》、《anan》、《Olive》等從我二十歲開始一直購買的雜誌或書。

比起書本，我更捨不得丟雜誌。我家裡的雜誌已變成八〇年代至九〇年代的社會文化年史，是資料的寶庫。說這些雜誌是消費趨勢、文化、流行等那個年代部分縮影也不為過，經歷過那年代的人才會知道。

今後會如何我不曉得，不過目前網路上沒有留雜誌的報導原文，要是把這些雜誌丟了，就再也看不到了。

一九七九年八月，在現已不存在的涉谷萬神殿（Pantheon）電影院曾上映什麼電影？

我這輩子都不會想去查這類的事，但是「萬一」哪天會用到這個資料呢？這麼一想，就無法把雜誌丟掉。

或許有一天我們能搜尋所有雜誌的原文，但是用網路搜尋的資料，只能找到特定日期或關鍵字相關的事物，與紙本雜誌檔案的性質還是不同。我想是因為雜誌是以「時間的變遷」形式直接呈現的關係。

書何時會有什麼用處，我也不知道。資料是一種會突然浮現在腦海的東西，有時五年前看過的書，會突然派上用場。發現資料互有關聯性，是一個非常令人興奮的經驗。

「這裡讀過的與那裡讀過的，其實說的是同一件事啊！」——這種奇妙的關聯，我有很多經驗。

書架的用處

聽說近來家庭的書架漸漸消失。

雖然書不一定要擺在書架上，但把書集中擺在同一個地方的書架，能把自己的思考視覺化。

書架就像網路的搜尋紀錄。書架上陳列著自己過去至現在的興趣或關心的事，書架是直接顯現自己欲望的一個地方。有時被別人看見家裡的書架會覺得有些不好意思，就像是自己電腦的搜尋紀錄被人看到一樣。

書架可經常看到自己的搜尋紀錄，又方便拿取。此外，書架還有個好處，就是只要把書按不同的順序排列，便能呈現不同的面貌。

對愛書者而言，書架空間不足常令他們很苦惱。

像我這樣每天買書，書架就多得嚇人。

在蓋現在住的房子時，我就跟老婆說：「地板全部讓給你，但是牆壁要留給我！」之後，我請建築師把家裡牆壁全做成書架。完工後我老婆看了很生氣。

我雖有那麼多的書架，但也漸漸放不下書。有一次老婆叫我「把一百本書丟掉」，我考慮再三，花了一個月的時間選好要丟的一百本書。

結果，老婆一看勃然大怒。因為，我選的書全是她買的書。這真的不是我故意的，而是排完優先順序後，發現時就變成那樣了。

因為書太多，所以我根本沒時間整理書架。書的擺放順序也是隨機的，攝影集、小說、記錄文學、圖鑑都四散各處。我知道書放在哪裡，但有時同樣的書我還是會不小心買到兩本。

不過我知道，買第一本時所抱持的想法，與買第二本時的想法是不同的。

書和資料都是「多面體」。

書不管在哪一家書店買都一樣。有趣的地方就是不同的整理和排列方式，書看起來便完全不同。這是因為看的角度不同的關係。

所以，別勉強整理書架，隨它去吧，書架會充分反映不同時期的自己。

資訊會在書架上產生化學變化

有時我到書架拿書，便發現書架上起了化學變化。因為，一些意想不到的事會互有關連。

舉例來說，「明太子是因為米開朗基羅的關係而誕生的」。

各位會覺得這根本胡扯。

十六世紀，羅馬教皇朱利爾斯二世請米開朗基羅為西斯汀教堂（Cappella Sistina）的天井作畫。

因為要花錢，所以羅馬教會開始賣起贖罪券賺錢。對此事極為憤慨的馬丁路得，成立新教與大公教會對抗。

擔心新教勢力擴大的西班牙斐力普二世，成立了耶穌會。而耶穌會的傳教士聖方濟・撒威（Francisco de Xavier），後來將辣椒隨著基督教一起帶來日本。豐臣秀吉出兵朝鮮，再將辣椒傳到朝鮮半島，因而產生了明太子。

這些事都是我從不同的書上得知的事。某個時候，這些事就在書架和自己所知的知識裡，突然被串連在一起。

一開始我說要大家丟掉對書的老套想法，要把書當作工具善加利用。但買來擺在書架上的書也是「神聖」的東西。

雖然我前後說法矛盾。但這並不是說大家要珍惜書，而是說擺在書架上的書已不是哪裡都有賣的書，它已變成書主人思考的一部分。也就是變成資料的一個單位。

那些陳列著書的書架，是書主人求知的欲望、腦力刺激被視覺化的狀態，這狀態是書架最有趣的地方。

書架裡有「星座」

第1章，我曾說過好書店的書架是一個世界，其實家裡的書架也同樣是一個世界。那些陳列的書，在書架上就像宇宙的星星發揮的作用一樣。

就像星星會因為引力而互相影響，書架上的書會因為隔壁的書而有不同的意義。書架的排列改變，就會變成完全不同的世界。

夜空裡有無數的星星。人類從中將閃亮奪目的星星加以組合，建立了星座。這些星座，以前在人類判斷方位及時間上扮演著重要的角色。

在好的書架裡，喜歡的書就像星座般陳列著。我們可以把那比喻為自己腦中的資料航海地圖。就像Google地圖一樣。

更直接的比喻，書架就像人類的大腦。書在購買的那一瞬間，就變成書主人興趣的

「突觸」〈※25〉。當傳遞腦內信號的據點「突觸」增加而具有某種關聯，就變成產生新創意的設備。

買書不僅能拓展知識，還能拓展興趣。

可惜不是每個人都能擁有像書店那麼多的書架。很多人會因為空間的關係或家人的壓力，不得不含淚把書丟掉。

但其實不一定要有很大的書架。就像對小學生而言，教室裡的圖書、學校的小圖書室就是一個「世界」，書架雖小卻是很珍貴的資料中心。

如果非丟書不可，先看看書架上的書互相有沒有關聯再丟吧！

※25 突觸是神經元以化學物質為訊號互相溝通的地方。可從一神經元傳遞訊息至另一神經元。

第 4 章

激發「創意性跳躍」的閱讀式思考

新創意從哪兒來

常有人問我，我都怎麼做企劃案。

企劃或新創意所需的要素就是「意想不到」和「欲望」，能想出好創意的人，特質是能「拓展自己的世界」。

本章，將思考書店和閱讀，對企劃案的幫助。

從電影、電視劇的製作到商品命名、廣告宣傳活動，一個吸引人的企劃案多半含有「意想不到」的要素。

BIC CAMERA與UNIQLO合作設立的「BICQLO」，因同時販售家電和快速時尚（Fast fashion）而成為話題。就像米倉涼子〈※26〉所主演的電視劇《三十五歲的高中生》，

※26 日本著名女演員。

三十五歲的年齡與高中生的組合也很讓人意外。

說到「站內店」，過去都只是餐館或小販售亭，現在業者引進花店、女內衣店，或設置販售當地生產的蔬菜等商店，而成功發掘出新客層。

前陣子Glico（江崎固力果株式會社）的「Otona Glico」（大人的固力果）成人巧克力熱賣，以實景拍攝《海螺小姐》磯野家二十五年後的電視廣告也成為熱門話題〈※27〉。以「贈品」知名的Glico，總讓人不由得聯想到小孩子，所以Glico藉「Otona Glico」大人的固力果，反差的名字來吸引人。

這些意想不到的要素組合在一起，會產生「創新」的創意。說到「創新的」或是「新的」，任何人都會想到的是「過去沒有人想過」。

的確有極具創意的天才，能想出別人不曾想出的創意，但這樣的天才畢竟不多。要每天想出企畫案或創意是很難的。那麼，什麼樣的人才能想出「好創意」呢？

就是能將很多人都知道的各種事物，做意想不到的組合。將別人想都沒想過、不同東西結合起來的能力，就是企劃力。

※27《海螺小姐》為日本人氣動畫片，內容是圍繞主角磯野家的溫馨家庭小品。固力果公司請知名演員拍攝真人廣告，故事的背景設定在二十五年之後的磯野家。有興趣可搜尋「大人們的固力果25年後的磯野家系列CM」。

好企劃需要「創意性跳躍」

工作要有成效有兩大作法。

一個是深耕某個特定領域，展現別人沒有的優點；另一個是從旁結合「異類」強化自身的力量。企劃和創意比較適合後者的作法。

日本的電視節目旁白常會說一句話：「那是無意間發現的……」，結合「異類」的作法，感覺就像這句話所說的一樣。

以前我曾接受某大食品廠「鼓勵年輕主婦層使用調味料」企畫案的委託。針對此案，我們設立以年輕辣媽〈※28〉為對象的料理網站「mama料理」。

或許各位會想，為什麼會以年輕辣媽為訴求對象呢？向更愛下廚的人宣傳不是比較有效果嗎？

※28 ギャルママ，「ギャル」由「girl」音譯而來，是日本青少年女生的一種文化，這個詞隨著時間演進也有很多不同意涵，但大抵是指109辣妹類型的女生。

我讀了辣媽雜誌後才知道其實年輕辣媽都很愛家人，她們都會在家下廚煮飯。而且，很多辣媽認為自己十幾歲時比較任性，給父母添了不少麻煩，所以對自己的孩子格外疼愛。

抱著對家人的愛做飯菜的辣媽們。不就是很好的訴求對象嗎？這就是我們鎖定辣媽的理由。

這種想法從商業雜誌或行銷學的書是學不到的，更別說有人會因為客戶說要賣調味料而想到去查辣媽雜誌。

「料理與辣媽」這種看起來好像是會失敗的組合，加入不同性質的東西，來產生「創意性跳躍」，滿足想賣調味料給年輕主婦層的訴求。

想要有與眾不同的企劃案，卻又常陷入無法產生差異性的思考模式。「意想不到的資訊」對於建立這種「差異性」非常有用。建立差異性，要從完全不同的地方找尋「異類」，建立意外組合的思考。

「逆向式」與「排列組合式」的創意發想

這種「將沒想到的事物加以組合」的能力，是做企劃必備的，那麼，哪些方法是我們可以學習的呢？

方法很多，代表性的是「逆向式」與「排列組合式」兩種。

「逆向式」不是任何時候都可使用，但這是最簡單的方法，如字面所示，就是將相反的事物組合在一起。

舉例來說，「暴風雪體驗之旅」與「剷雪之旅」的旅遊行程。青森縣有時一到冬天，會吹起暴風雪，什麼也看不見，業者為吸引觀光客煞費苦心。在常下雪的地方，除了滑雪外，沒有什麼其他可吸引客人上門的東西。

思考如何吸引更多的觀光客時，業者巧妙將那些原本不利的因素轉為當地觀光的一項特色。

或者，這幾年來流行多功能的家電產品，有人原本並不是那麼需要說明書。如果針對這些顧客群，製造單功能產品，拿掉用不到的功能，會有一定的市場需求。

在冬天賣冰淇淋，夏天賣關東煮，生意反而更好。

逆向作法並不是任何時候都可使用，但若能善加運用，便是一種能產生很大差異性的有效方法。

「排列組合式」是指包含意外的組合在內，所有可能的方法都去試。值得學習的例子是「Momoclo」與「名古屋人」。

「Momoclo」，就是「桃色幸運草Z」，為日本知名少女偶像團體，以融入職業摔角等的激烈舞技走紅歌壇，她們還有一項魅力，就是現場以出人意表的組合共同演出。

過去的共同演出者有，武藤敬司、松崎茂、南高節、加藤茶、鴕鳥俱樂部，以及矢追純一等等，一般人根本不會想到這些人會和偶像團體同台演出。Momoclo參加金屬樂節的演出掀起話題，各方褒貶不一。

這種令人意想不到的組合，名古屋人也不遑多讓。

舉例來說，名古屋的茶館、咖啡店，有一間店裡有賣「紅豆抹茶義大利麵」。一般人根本不會想到把義大利麵與紅豆抹茶的甜食搭在一起吃。該店還把草莓奶油等各種食物與麵搭在一起，做成不同口味的義大利麵。

店家嘗試各種口味的企圖心值得誇獎，雖然可能徒勞無益，但店家還是勇於嘗試，結果無意間發現好吃的口味。

這種以排列組合的方式擺脫既有想法的創意發想法，是產生好企劃案的方法。如前文所述，好的企劃案是從「將無關的東西加以組合來建立差異性」所產生的。

將資訊組合的「觀點」

將乍看似乎無關的資訊加以組合來產生企劃案。在這組合作業中，有一項關鍵功能，即為你的「觀點」。

如何吸收大量不同的觀點呢？有一個很好的方式——看雜誌。

雜誌，如字面所示，是「雜」項事物的一種集合。這裡必然混合著自己興趣以外的資訊，因此遇到沒想過的資訊機會很高。雜誌裡反映著作者的喜好，譬如某位名人所推薦的非排行榜書籍等另一種選擇。

很多人都說雜誌產業處於衰退期，但是美國《WIRED》雜誌總編輯克瑞斯・安德森（Chris Anderson）說：「以不同觀點所編輯的內容，不管在紙上還是網路上都會很暢銷」。

我負責編輯的《Kettle》（ケトル）雜誌，曾製作中央線〈※29〉特集，銷售極佳。這本特集之所以熱賣，我想是因為「觀點」不同的緣故。

雖然這本雜誌是介紹一百家的中央線沿線店家，裡面徹底地說明各店家「中央線味」的部分。

比方說，某店「我本來要開舊書店，後來卻變成開咖哩店」、「我太喜歡掃把，所以店裡擺了十幾隻掃把」、「這店裡的家具全是借來的」，這些讓人感覺很有中央線味不是嗎。原本要報導麵包店，但麵包的事卻完全沒提，寫的反而全是這些事。

從這裡可看到「中央線是社交媒介鼻祖」的觀點。

中央線沿線舊書店、分租房屋林立，愛好者匯聚於此，在貨物流通、互相交流的同時，一邊做生意。人們「自由」地、「遊牧式」（Nomad）地「社交」，現在流行的價值觀，在中央線沿線早就行之有年，這本特集提供了這項新觀點。

店家的菜單和地址等資訊，從網路就可免費看到。「不同的觀點」才是使雜誌的內容變得有價值、最不可或缺的部份。

現在不是向「資訊」付錢，而是向「資訊的組合方式」付錢的時代。資訊的組合方式

※29 東京地鐵路線之一。

即是觀點。這正是需要企劃、創意的整個商業世界的一種趨勢。

練習在書店組合「意想不到」的資訊

練習將意想不到的資訊組合最適合的地方，就是書店。書架上放著各種書。你可以拿幾本書架上的書，想想看這些書有什麼關聯性。

你也可以去用關聯性的方式陳列書的書店，思考那本書旁邊為何擺這本書等，想像一下擺書的人「觀點」為何。

練習將不同作者、不同類型的書組合，將日常生活看到的事物以各種形式連結在一起。

閱讀書籍的另一個好處就是增加自己的觀點。不同立場、時代、國家的人怎麼看這世界？從不同的角度看事情是轉變觀點非常好的訓練。

試著以不同的觀點來看書架上的書，能感覺自己的世界不斷在擴大。

好企劃能滿足人們的欲望

將意想不到的事物組合雖然是建立好企劃案的要素，但並不是光靠「意想不到」就能成為好的企劃。

以我的一個企劃案來說，二〇〇八年，弘兼憲史的漫畫人物島耕作晉升社長，我規劃召開記者會，以三得利（SUNTORY）的啤酒「THE PRE MIUM MALT'S」來慶祝。

因為島耕作就任社長，我想在他的上任記者會上用啤酒來慶祝應該會很有趣。這就是將啤酒和漫畫兩種乍看完全無關的事物連結在一起的例子。

但是，這企劃案絕非只靠「讓漫畫人物出現在記者會上的意想不到作法」而產生。

當時日本景氣步入衰退，每天的新聞報導都是企業虧損、破產的壞消息。當初企劃構想的由來，是希望記者偶爾也能報導一些能振奮人心的好消息。

如果一般人聽到上班族的偶像——島耕作晉升社長，很多人會因此受鼓舞。

前文曾說過廣告的本質是回應人們的「欲望」，在廣告以外的工作企劃本質也一樣。如果能掌握人剛萌芽的欲望，尋求解決對策，就是「好的企劃」。企劃者必須是發現人們新欲望的專家。

我們無法將欲望化為文字，也無法透過網路來搜尋欲望。

發現欲望的過程

我是「書店大獎」的評審，現在書店大獎的知名度不輸其他的文學獎，而且得獎作品也大受歡迎。

書店大獎的產生是因為書店店員的不滿。看到之前作家評選出的獎，很多人都不以為然，認為「這次的直木獎〈※30〉怎麼會是那些書？」

或許相關的當事人也曾抱怨或不滿過，但是，對於「欲望Hunter」的我來說，從這些話裡我看到人們欲望的流露。用另一角度看不滿就是「如果是我，我會選這本作品」、「我想賣那本作品」的欲望。

我發現書店店員們的欲望「如果是我，我會選這本、賣這本」，所以成立滿足欲望的文學獎，最後成功，就是「企劃」的力量。

※30 與芥川獎同時設立的文學獎項，是日本文學界最重要獎項之一。

模仿書店大獎的其他「某某大獎」之所以不成功，是因為那些獎並不是針對人們的欲望所設立的。不過是一種企劃的抄襲。

發現人們的需求、欲望，各位可能會覺得很難，其實走在街上也可以發現人們的需求。

比方說，日語有「おひとりさま」（一個人）的說法。

大家都看過獨自用餐的女性身影，但卻很少人注意到那是某種女性需求的顯現。當我們把那些人稱作「一個人」，就會注意到她們有著類似這樣的想法：「跟別人一起吃飯很麻煩」、「為什麼我非得跟他一起吃飯不可」、「我不想參加女性聚餐」，而去開發滿足其需求的餐點或旅行套裝行程。

書店平台是「欲望的一面鏡子」

如何「發現人們欲望」這個能力是可以訓練的，書店正是訓練的最佳場所。

因為書店的擺書平台就是人們欲望的一面鏡子。平台上擺的書是當時人們追求的東西。

其他書架常會按小說、記錄文學、實用書等不同領域來區分，但店裡的平台則是像大雜燴似地擺滿各類書籍。也就是平台匯集了人們現在想深入了解的事物。

雅虎和Google的熱門搜尋字也是人們欲望的一種顯現，但這是屬於非常短暫的性質，當時的排行榜會顯現出人們想了解的事。當然，也有其意義，但書店的平台則是擺著人們想深入了解的事物，這點是不同的。

以前，公司位於神保町，所以我常去三省堂書店的神保町總店看那裡的擺書平台，練習將平台上的書用一句話加上廣告標語。

有一次，我看到平台上擺著非正職員工、地方行政及美國對沖基金相關書籍，我便用「差距」這關鍵字來總結這些書。從書店的擺書平台即可了解同時代人們的心情。

我的這種作法也叫做書店的「ＫＪ法」。

ＫＪ法是日本文化人類學者川喜多二郎所提出的一種創意發想法，作法是將從各種調查所收集到的資訊寫在卡片上，然後將卡片分類組合，希望從這過程中獲得新的發現。

一些廣告公司也會進行以此方法為基礎的進修，去書店把一本書當作一張卡片，試著將那些書加以分類也能得到同樣的效果，而且完全是免費的。

平台擺的書會因書店而有很大的差異。丸善書店的丸之內總店平台擺的是商業人士需要的書，青山書店總店是擺創作者喜好的書，AYUMI書店早稻田店則以學生用書為主等等，可視自己當時的需要靈活運用。

思考企劃案不需資金，因為眼前所看的景物皆是素材，可從中運用多少資訊已變成一種技能。

這幾年，在日本常可看到老年人進入電玩遊樂場。過去平時白天空蕩蕩的電影院現在人潮很多，且大多是高齡者。這時你不是只想「今天人好多啊！」就結束思考，而是想「為什麼會這樣呢？」或許從中能想到對老人服務的新創意。

發現人們欲望、需求的方法繁多，你可以在電車裡豎起耳朵聽隔壁的談話，或是去注意銷售排行榜也無妨。在各種方法中，我想逛書店是一般人在日常生活中就能做到，而且非常簡單有效的一種方法。

去收集「異類」吧！

為滿足人們的欲望而將意想不到的「異類」組合在一起，是產生好企劃案的祕訣，不過要是自己腦袋裡沒有「異類」的庫存，那也無法組合。

要增加該庫存，需要的就是如本章開頭所說「拓展自己的世界」。

「拓展自己的世界」可能有人會覺得很籠統，具體一點來說，「世界」是指「資訊」，為了拓展世界，必須收集自己不知道的資訊，也就是需要「知道自己不知道的事」。

善用書和書店，便是為達此目的非常有效的一種方法。

在收集的資訊上可分為兩大類：第一種是為了某種目的收集的資訊，第二種是不知會有有什麼用，但應該要知道的資訊。後者包含新的時代觀點至雜學。

本書指的書本用處主要屬後者。如果是有目的的收集資訊，用網路搜尋比較方便。不過，看書時不知有何用的資訊，有時會變成產生創意需要的「異類」。

所以，本章常把網路與書拿來做比較，這並不是要各位只用某一種。我希望大家兩種都能使用，不過現在的人常不自覺地偏重目的型，所以希望各位能重新認識從書裡得到的「無用知識」。

迂迴式思考

大家小時候是不是放學後都會到處閒逛而不直接回家？放學直接回家就太可惜了！途中順便去某個空地或繞去與家完全反方向的商店，是最快樂的事。每個人應該都有過放學在路上閒逛被媽媽責備的經驗。

為什麼在路上閒逛會很快樂呢？因為去的地方並沒有目的地。我們會在路上發現或撿到意想不到的東西，這過程很有趣。

大掃除的時候，看到以前的相簿，會把打掃的事丟在一旁而看起相簿來——與這種感覺很類似。

擁有很多這種有如「多餘的行李」一般的資訊，有助於產生創意。

看書得到的發現大致就像那樣，在不知不覺中累積很多有用的Tips（小訣竅）。因為

「多餘」的知識而發生某件美妙的事，這種體驗很重要。

就如前面的例子，一般認為對工作無益的辣妹雜誌資訊，會意外成為一種生意。比起直線式思考直接尋找目的或答案，迂迴式思考，能使我們的思考更深入。不僅能提升人的企劃力，還能提升表達與寫作能力。

這裡需要的是敢於不去找答案的勇氣。只靠搜尋來的知識做企劃是無法產生好東西的，因為那是誰都可以做的事。

書本是提供我們迂迴式思考的工具，它不會馬上出現答案，而且有時我們看完書才知道這不是自己要的東西。看書有時會浪費時間，但這反而是看書的一種價值。

在商業世界裡做事情有時間及預算的限制。在要求迅速性、效率性當中，迂迴式思考被認為不好，但真是如此嗎？

在此我想強調「迂迴式思考」的重要性，企業人士該多做迂迴式思考。

看書就像旅行

四處看看並收集無用的資訊，看書是最適合的方法，因為「看書就像旅行」。

旅行是離開日常生活，到別的地方。

很多人在旅行前都會詳細規畫行程，但是旅行原本是一件很輕鬆愉快的事。雖然目的地和天數已定，但在旅行的過程中還是常會發生意想不到的事。

或許是因為暴風雪而電車中斷，或不知道途中用餐的餐館是否好吃。又或許會有美妙的邂逅，而也有捲入意外麻煩事的危險性。

更別說如果沒有決定目的地、天數，發生意外事情的可能性更高。旅行的價值就在於讓人有不確定會發生什麼事的體驗。

為什麼要旅行？

這問題與「為什麼要看書」的問題相似。

例如，雖然都是去某個車站，但因為出差而去某車站，與旅行中在該車站下車遊玩，兩者有很大的差別。

收集資訊，如果只是要找某個東西，搜尋起來很快。看書則是有時看了才發現沒用，小說之類的書甚至故事結局會如何，剛開始閱讀根本不會知道。

旅行會使人成長，因為旅行會有意想不到的經歷。

看書也一樣，可以讓人暫時變成不同時代、不同國家、不同人物，經歷旅行。

如果沒有經過像看書這種目的、結果皆不確定的經歷，很難發現自己不知道的事。我覺得每天看書，就像每天去旅行一樣。

聽說勝新太郎〈※31〉在拍電影時，不讓演員看劇本，以便演員發揮自己的演技。因為演員看了劇本就知道故事的結局，演技會不同。所以，他只會告訴演員「你是刑警，過去發生了哪些事」等一些情況後就開始拍。這可說是一種閱讀式的電影製作法。

※31 一九三一～一九九七年，日本著名演員、歌手、導演。

「知道」分為兩種

就像旅行一樣，透過看書我們可以增廣見聞。

「知道」分為兩種，那就是「知道想知道的事」與「知道不知道的事」。

這麼說各位可能還不太懂，我再具體地說明。

當我們想了解馬達加斯加這個國家，我們會很快在Google的搜尋欄上輸入「馬達加斯加」。然後出現維基百科的網頁，我們可以馬上知道該國的人口、面積等基本資料，這就是「知道想知道的事」。現在查詢時網頁還會馬上出現照片。

而「知道不知道的事」是指，知道如第三章所說的「明太子是因為米開朗基羅的關係而誕生的」之類的事。

原本你沒有要查明太子或米開朗基羅相關的事，只是在看幾本書時，無意發現這些事的關係，這裡有用網路搜尋也得不到的「跳躍」。

但不管哪種方式我們都需要。

如果很熟悉網路搜尋的方式，便能同時得到相關資訊。像從馬達加斯加連結到香草豆、環尾狐猴以及猴麵包樹。然後再從猴麵包樹連結到《小王子》〈※32〉……

但是網路搜尋取得的資訊，不像看書所得資訊一樣，有超長的「飛行距離」，最多只是跳到隔壁的感覺，不會碰到「意想不到的價值」。

近幾年來「知道」的意思，太偏重於搜尋式的「知道想知道的事」。

網路搜尋不會讓我們注意到自己其實不知道很多事。網路搜尋只讓我們找到「看過的東西」。只知道想知道的事並不能拓展自己的世界，因為，自己連「不知道的事」都沒想過要知道。

※32 猴麵包樹是小王子星球上的植物，它的根會占滿整個星球，四處蔓延，把星球撐裂。

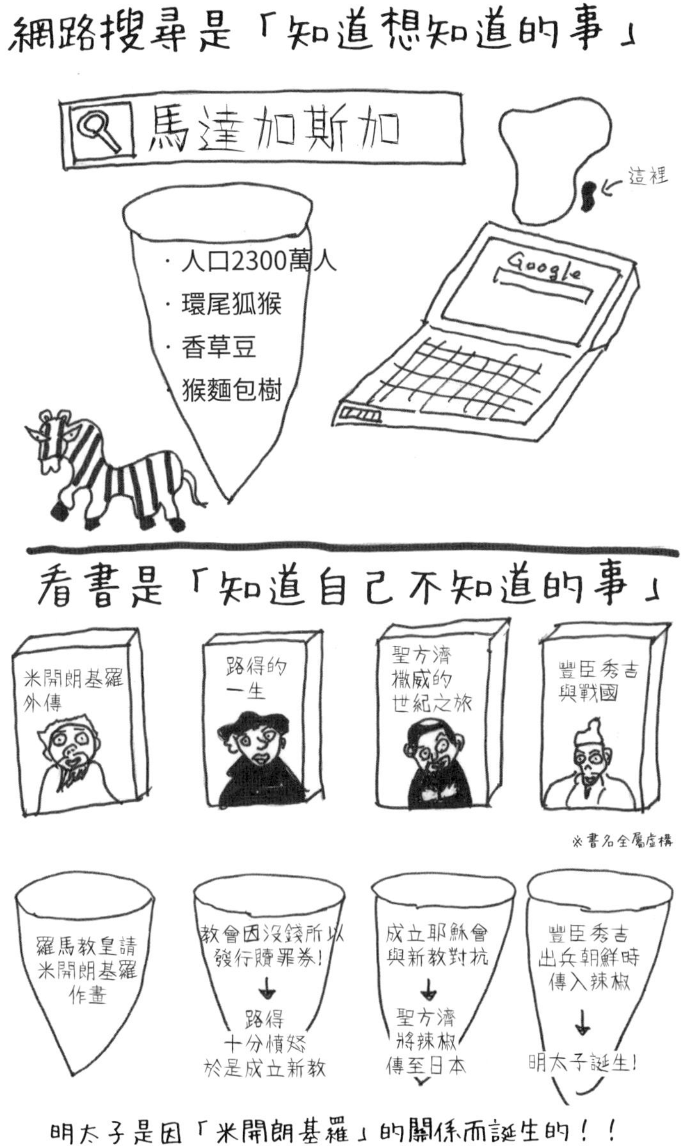
網路搜尋是「知道想知道的事」
馬達加斯加
這裡
Google
·人口2300萬人
·環尾狐猴
·香草豆
·猴麵包樹
看書是「知道自己不知道的事」
米開朗基羅外傳
路得的一生
聖方濟撒威的世紀之旅
豐臣秀吉與戰國
※書名全屬虛構
羅馬教皇請米開朗基羅作畫
教會因沒錢所以發行贖罪券!
路得十分憤怒於是成立新教
成立耶穌會與新教對抗
聖方濟將辣椒傳至日本
豐臣秀吉出兵朝鮮時傳入辣椒
明太子誕生!
明太子是因「米開朗基羅」的關係而誕生的!!

網路搜尋與看書，結果不同

若想「知道不知道的事」，有什麼好方法呢？

就是把自己強制帶領到未知的世界，增加與未知事物偶遇的機會，旅行和看書是把我們強制帶領到未知世界的代表性方法。

認為網路搜尋萬能的人會說，世上所有的資訊都可用搜尋找到，但我認為要用搜尋找不知道的事非常困難。用搜尋找資料是出於自主意識，因此我們不會想去搜尋自己不關心的事物。沒有自覺便不會那麼做。

用搜尋來找資料與挖石油很像，沒有人會隨便挖石油。因為目的是石油，所以會先去調查地層等資料，然後專門去挖可能出現石油的地方。

看書則不同，比較像小朋友玩沙子。沒什麼特別的目的，不過小朋友會用鏟子到處挖砂，挖到什麼都很高興，挖沙子本身比發現東西重要。

這兩者的差異，也可以換成另一種比喻：搜尋就像「狗」，而看書則像「貓」。

就像在「花開爺爺」〈※33〉的童話故事裡，小狗「波奇」汪汪叫著要爺爺挖某個地方，狗能幫我們找某個東西，說Google是現在最厲害的「狗」並不為過。

而換作是貓，牠則會在那附近走來走去，看到食物還是什麼破爛東西就撿回來。帶回來的東西常讓你意想不到。

這種「玩沙子」和「貓」的方式，不適合用於主動找什麼東西。因為不知道會出現什麼，所以完全無法掌握。

※33 日本著名的民間故事，主旨在於伐惡揚善，描述一對善良老夫妻被一對邪惡老夫妻欺負，但善良老夫妻屢次因禍得福，而邪惡老夫妻最後也得到了應有的懲罰。

以「偶然度」來分類資訊收集

若用遇到資訊的「偶然度」來分類資訊的收集方法，便很容易了解。

不管怎麼說，最好掌握、也就是偶然度低的資訊收集方式就是網路搜尋。用這種方法，可以自由地選擇關鍵字，而且由於搜尋引擎的精確度不斷提升，所以想找的資料都可找到。搜尋引擎能確實讓我們找到想找的東西。

用推特和臉書，雖然能選擇追蹤者，但你不知道他們會帶給你什麼資訊，所以偶然度感覺比用搜尋引擎更高。

看電視偶然度也很高。「逛街天國」〈※34〉節目裡所介紹的綾瀨車站附近麵包店的麵包好像很好吃，想去看看，有時會有這樣的事。不過，與該地完全無關的人應該不太會用網路搜尋去找綾瀨車站的麵包店。

※34　東京電視台的旅遊節目。

至於旅行，除了目的地外，無法掌握的事很多，如果是探險之旅，情況更完全無法掌握。就這層意義來看，旅行是被強制帶到要去的目的地，會遇到什麼事，要看情況。

看書剛好介於推特與旅行的中間。看書可選擇作者、書名，但沒看書前我們不知道裡面寫什麼。

或許可以把「開會」與「聚餐」做比較。

開會都有目的，所以對決定事情會有很好的效率，但是開會不太能產生意想不到的創意。如果一家公司在開會時老是發生一些沒想到的事，表示這家公司的問題可能不小。

而聚餐原本就沒有目的，所以大家聊的事也很隨興。不過，在聚餐時或許有很多你現在寫企劃書所需的資訊，很多人都說，喝酒時比較會想出好的企劃。

現在的人比較重視確實取得資料，是屬於偶然度低的資料收集方式。

的確，大家喜歡的資料收集方法是不被任何人限制，能自己掌握所得的資料，所以網路搜尋變成最好的方法。

但其實網路搜尋的方式也有陷阱。因為我們會對資訊做取捨、選擇，只看「自己已知的世界」，就好像孫悟空跑不出釋迦牟尼佛的手掌心一樣。

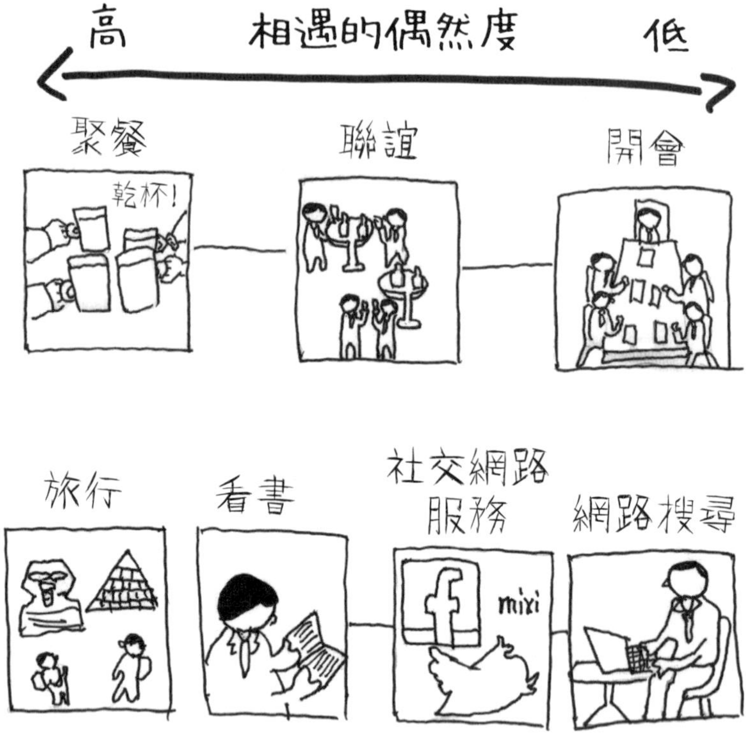
高
相遇的偶然度
低
聚餐
乾杯!
聯誼
開會
旅行
看書
社交網路
服務
mixi
網路搜尋

只看「自己已知的世界」，從中掌握的資訊很難產生有趣的創意，畢竟查資料誰都會。反而在無法掌握的偶遇裡，常有不錯的資訊。

拓展世界觀的方法

就如蘇格拉底告訴世人的「無知之知」，越是認為自己還有很多不懂的人，越能成長。而不斷拓展世界觀正是創意的泉源。

但我們並非無所不能，一旦把求知當成一種義務，便會有壓力。所以，靠網路搜尋的方式來拓展自己的世界觀是有困難的。

有些「強制性」的方法能把你迅速帶往不知道的世界，像你可以去旅行尋求偶遇的機會，或和不同類型的人交往而聽從不講理的主管指令也是一種「強制」的方法。

雖說「強制性」的方法有好處，但要是哪一天你被綁架，被強行帶至不知道的國家，就真的麻煩了。交遊廣闊有時也很累人。

強制適中的好辦法，就是逛書店買書、看書。看書可以刺激、滿足自己沒注意到的欲望，那種愉快的心情用別種方法是很難得到的。

透過網路也能如此。

記者津田大介說：「使用推特要先追蹤三百人」。如果只追蹤朋友和感興趣的名人，一般是不會超過三百人，這種作法也能讓自己打破同溫層，注意到興趣以外、不同觀點的事。

要拓展自己的世界觀其實需要的是「放下自我」。甚至我可以把本書的書名取為「放下自我的能力」。放下自我，讓自己被帶至新的世界。

就如古希臘哲學家德模克里特（Democritus）所說「萬物皆是原子」，過去我們認為所有物質都是由原子所形成。

最近的研究則認為，在宇宙我們所知道的「原子」僅不到五%，剩餘的是叫做「暗物質」（Dark matter）、「暗能量」（Dark energy）的未知物。

即使我們不知道暗物質是什麼，也不會對生活造成不便。但是，知道這件事不是很有趣嗎？

如果認為「所有物質都是由原子所形成」，暗物質就永遠不會被發現。所以我們必須將視野開展至現在所知的「原子世界」之外。

用搜尋式的思考，不會誕生紅豆抹茶義大利麵。因為從過去常識上的「義大利麵的世界」無法產生這種麵，只有從閱讀式思考所產生的「創意式跳躍」才有可能。

別把書丟掉，去書店走走吧！

在書店裡產生的新創意，能讓人生變得更加有趣。

第 5 章

書店的逆襲——新的書店形式

成立B&B的原因

如同前言所說，我目前在經營「B&B」書店。這家書店的特色是書店裡有賣啤酒，每天都有舉辦脫口秀等活動。

B&B是我和書籍銷售顧問內沼晉太郎兩人成立的店。關於為何會成立B&B，內沼和我的想法不完全相同（請參考本章後半的對談），這裡先說我的觀點。

我本來就喜歡逛書店，做過雜誌編輯，也參與過日本書店大獎的相關作業，所以想開書店。我認為內沼是個好的事業夥伴，因為我們對書店的想法很相似。

我和他是在製作《LIBERTINES》雜誌的電子書特集時，請他擔任客座編輯認識的。很多喜歡書店的人只喜歡紙本書，但內沼和我並不只是喜歡紙本書而已。

我們都很喜歡紙本書和實體書店，但內沼還會「自製」電子書來使用，他會將書解體，然後放入Kindle電子書閱讀器。

我也製作很多數位內容，從事數位廣告的宣傳活動，擔任互動廣告大獎的評審工作。只要在方便的時候有方便形式的資訊就行了，不管是紙本的還是數位式的都好。這點他和我很像。

有些人雖然喜歡書店，但認為電子書將對紙本書帶來不利的衝擊，並認為紙本書將漸漸無法在出版界生存，但我們的想法和這些人不同，我們首先想到的是，「有兩種書可以看，不是很好嗎？」

只要方便，無論是電子或紙本都好，這是因為我非常了解這兩種形式各自的優點。

對「社區書店」的堅持

日本書店目前的趨勢，只有部分大型店還有在設新店，其他的中小型書店則不斷減少，幾乎沒有新店出現，因為中小型書店很難與其他書店或亞馬遜做出差異化。

比如淳久堂等大型書店，有很多與亞馬遜不同的書籍展示特色。最容易看到的一點就是書的「完整性高」——去大型書店，可以看到大部分的書。

車站前的小書店要做到這點就很難，而且還有另一個「書籍配送」的困難。書籍配送是書籍物流方面的事，一般人大概不清楚，日本很多書店都是透過中盤商進書，書店的書種主要受配送模式影響。

除非直接跟出版社訂書，否則只能接受固定的書籍配送模式，也就是銷售不得不以暢銷書和雜誌為主，於是出現各家書店賣的書都差不多的情況，實在令人遺憾。

這些情況下，要開社區書店（或稱街角書店），就必須了解書店的優點為何，然後付諸實踐。內沼也非常認同我的想法。

為什麼我堅持要開社區書店呢？那是因為我認為書店不是「需要特地去的地方」。書店應該是日常生活中的一個場所。可遇到意想不到的資訊，讓日常生活更充實的書店就在生活圈內，是一件非常幸福的事。

在買東西的途中、去買晚餐的菜，順便買了科幻小說；或是因為約會太早到，便在書店買了介紹ｉＰＳ細胞的書，我希望在日常生活中有個地方，可以讓我們像這樣遇到意想不到但卻真的是自己想要的東西。不僅目的、用處已知的「搜尋式」相遇很重要，「意想不到」的相遇也很重要，而書店能帶給我們很多這種機會。

因此，我想開的書店，不是需要特地前往的終點車站大型書店，而是位於現在所住的市區或上下班路上車站的書店。不過，如同剛才所說，書籍有物流的問題，所以要怎麼做才能維持書店？我想大膽地挑戰，這就是我想在Ｂ＆Ｂ做的「今後的社區書店」概念的由來。

Ｂ＆Ｂ所在的地區東京下北澤，與此概念十分契合。學生和社會人士都會聚集於此，來喝酒、看劇、買衣服的人，順便就會來逛書店。在等人時，就會不自覺地買書。

對我來說，每天可以去的地方很重要。不只提出概念而已，每天自己整理書架也是非常重要的一件事，雖然我沒把書架弄得像前述高第的建築一樣。

建立書店新典範

很多人常誤解我們開的是文藝性商品的複合式書店，其實我的店裡擺了很多非常基本的書。

有日本文學和外國文學，還有自然科學、記錄文學及漫畫。名著、近期暢銷書、漫畫、雜誌，我們都平均地擺設。不想依某種堅持而只陳列「時尚」的書籍，也不否定「暢銷書」。

當然，開一間「次文化書店」也很好，不過這與我們的初衷不同，簡單來說我們想建立一個可讓顧客在日常生活中，即使只有五分鐘的空檔時間也可以前往，每天都可順便去逛逛的書店。

不過，中小型書店現在幾乎都沒擴增新店，我們書店若能成為典範也是好事。

但我們絕不是因為考慮這些事的經營者，是因為對書和書店都很熟才開書店。

我們都非常清楚，自己對書店這門生意「完全外行」，所以才會認為「喝啤酒時就會想買書」而在店裡賣啤酒。

一般人會認為：「在書店裡賣啤酒真荒唐，還可能會把店裡的書弄髒，店員選書、擺書已經很辛苦，還要學習如何倒啤酒，甚至還必須清潔啤酒起泡機……」

從外行人看，我們想的是：「喝完酒再逛書店，應該會大肆採購一番，買很多書？所以要是能在書店裡賣啤酒就太好了！」「現在很多地方都有舉辦脫口秀，聽別人談話就會想買書，所以要是能在書店裡每天都辦脫口秀就太棒了！」等等。

我們無法將外行人的想法一次全部實現，為顧及現實，目前是逐步做做看。

我們也不會因為同時有賣書和飲料，而想開一間「咖啡書店」。

很多咖啡書店，書店店員和負責餐飲的店員是由不同人擔任，但是在B＆B，書店店員也賣啤酒。客人喝了啤酒就會想買書，所以賣啤酒、辦活動都是企業為了新書的銷售所做的努力。所以我們認為，為了銷售書籍，書店店員本身也必須做那些工作。

目前為了提高獲利，只賣書很難維持，而銷售啤酒和辦活動的利潤，能支撐經營書店利潤不足的部分。這種作法能否維持一間店還有待證實。

當然，既然要開書店，絕對要有書店店員的基本知識與技能。但光靠舊有的模式，無法超越業界既有的思維框架。所以，由我和內沼這種完全外行的人，把想做的事付諸行動，將這間書店當做實驗的地方。

B&B的理想——與內沼晉太郎先生的對談

二〇一二年十二月二十七日

內沼晉太郎

numabooks負責人／B&B書店共同創辦人／書籍銷售顧問／創意總監

一九八〇年生。一橋大學商學部商學科畢。書籍銷售顧問，從事書籍賣場及圖書館的規劃，書籍相關的企劃與作品製作，書店及出版社業務諮詢，電子書相關的企劃等。

「B&B」開張前的情形

嶋：我們就先從成立B&B書店開始談吧！B&B是何時開幕的？

內沼：二〇一二年七月十日試賣，二十日正式開幕。從十日至十四日與《Casa BRUTUS》雜誌合作，舉辦試賣活動。

嶋：開店的籌備是從二〇一一年的年末開始的。是吧！

內沼：沒錯。後來考慮開書店。

嶋：一開始，為了《BRUTUS》的書店特集，我們走遍全國的書店，以及之後一起做au的電子書閱讀器廣告的宣傳活動工作，還有一起做銷售電子書的生意。我們不會拘泥於書的形式，數位資訊固然很好，不過紙本的書也很好。

說我們是有戀物癖的「書迷」，倒不如說我們的想法更接近一般人的想法，「只要能方便閱讀，任何形式都好」。我們都認為日常生活中有書是件非常好的事。

而且在做《BRUTUS》書店特集時，雖然覺得日本有很多好書店，但在市區一般私鐵車站前之類的地方卻很少，要是在日常生活中，一般人上下班、通學、買東西的路上有可以去的書店，該有多好！這些就是促成我想找你一起開書店的原因。

內沼：以前，我在自己的書裡說過，我本來就想要開書店，但老實說，那時我沒想過會那麼快就開書店。

我在製作你剛才說的《BRUTUS》書店特集時，收集有趣的社區書店資料，發現日本舊書店相當多，那時我就想，賣新書的書店應該要有更好的作為。

就在我思考社區書店必須建立一個可長久經營的模式，你問我「要不要開書店？」於是就……

至今我和你一起合作過很多案子，我都覺得很愉快，這也是我在考慮時一項很重要的因素。

嶋：有一次為了凸版印刷的「書店指南」，在網站上刊登文章，我也和你談到開書店的事。

內沼：對，是有這麼一回事。

嶋：現在想起來，那裡面寫的事根本天馬行空，畢竟真的開書店是完全不同的……

（笑）。

內沼：的確如此。那時我就談到「可以在書店裡喝啤酒」之類的構想。那次談論的主題是對未來書店的新構想，我只是想說什麼就說什麼。

嶋：那時還談到喜歡的圍裙類型，要在圍裙上寫喜歡的一本書。

內沼：對，還談到那些。我們一起喝酒時你問我要不要一起開書店，我就說好。

嶋：你不是很早就想開書店嗎？

內沼：是有想過，不過這次你說「我們來開書店！」聽起來就像你已下了決定，而我也是說做就做並且會看時機的人，我想「這是開書店的好時機」，「現在不是說『時候未到』這種中年大叔常說的話的時候」。

嶋：「時候未到」的確很像中年大叔說的話（笑）。「現在不是時候」這句話也是。

內沼：這就像說「再等時機成熟一點。」已經跟不上時代了。既然說要做那就做吧！於是我很快開始尋找適合開店的地方。

選在下北澤開書店的原因

嶋：我想開社區書店，所以一開始我想的開店地點都是在私鐵沿線的地方，而不是在一般所說的終點站或山手線〈※35〉的車站。一開始，你說淺草不錯。

內沼：對，我說過。

嶋：淺草地區書店很少是優點，不過要是以為那裡市場很大那就錯了。後來，你查代代木八幡等小田急線沿線各點，發現位於下北澤南口，離車站一分鐘的地方。是在住商混合大樓的二樓，租金還算可以。

內沼：淺草也很好，只是書店是每天商品常會改變的地方，所以我們也必須每天去店裡，要是店開在淺草，就有點遠。店如果不是開在你或我的公司、家的活動範圍內，每天要去店裡就很難，所以我就在這一帶找，碰巧下北澤有個不錯的地方。

嶋：你好像是在春天的時候發現那個地方。

內沼：對，是二月還是三月的時候。那裡原本是燒肉店，又變成律師事務所，後來暫

※35 鐵路環繞東京都心的重要區域。

時空著。

嶋：因為我想我們的書店要賣飲料，所以那裡原本是燒肉店這點就很適合。那裡廚房、廁所等需要用水的地方都弄得很好，是非常難得的房子。我們租下來的時候，房子內部是清水式的骨架狀態，我們幾乎沒怎麼更動。

內沼：是啊！櫃台、廁所和廚房都已經做好了。我一開始找的就是原本做餐飲的房子，心想最好是餐飲設備齊全一點的房子，結果沒想到這間比其他原本做餐飲的房子更好。

嶋：要是咖啡店之類的房子可能就不適合，我們要開的是書店而不是咖啡店。

內沼：要是租的是咖啡店或居酒屋室內裝潢還留著的地方，會很難使用。後來我們召集了新進的實習人員來刷牆壁、整理地板，一起整理環境。

為什麼要在書店裡賣家具？

嶋：B&B的書架、桌子並非只是家具、裝飾而已，這些家具也是要出售的東西。

內沼：這是我想的主意。因為內部裝潢預算有限，於是我想了兩個辦法。一個就是跟幫我們做裝潢的人硬坳，想辦法請他們幫我們在預算內做好全部的書架。不過，我怎麼想都很困難。

有一本你以前曾任總編輯的《LIBERTINES》雜誌，我在那本雜誌曾做一個企劃，介紹目黑一家中古家具店「KONTRAST」。我碰巧在那間店買過喇叭，你也在那裡買過沙發。我想到要是能和那家家具店合作，在店裡賣家具，不僅可以減少購買書架、桌子的費用，家具店也可以增加銷售管道，於是我就跟那家店的老闆談談看。結果，對方也相當有興趣，事情就談成了。

嶋：誇張一點來說，你開創了新的家具銷售方式，以新的書架銷售方式。

內沼：對！其實我當時也問過賣新家具的家具店，但對方覺得不可行，因此最後是與中古家具店合作。所以，我們店裡的書架每個都不一樣。

嶋：這樣反而更好！

內沼：如果能和好的家具店合作，就能在新的書架上擺書，重點是要把書店當成展示館，有新家具，有各種不同的書架。只是，很少書店的書架變化如此大，所以也有困難之處。

嶋：想買書架的人，看到書架實際被使用的樣子，就很容易想像。

內沼：是啊！書架是用來放書的東西，但是家具店幾乎都不會在書架上放書。有時家具店陳列的書架，上面放的是印著書背或DVD商品盒裝側面的奇怪紙盒子，我很討厭這種東西。一看到那個，就覺得「真是太可笑了！」（笑）。

我以前就想「這樣還不如把書放上去賣」，我會想到在家具店賣書，大概是因為這個緣故。

日本書店業的現況

嶋：決定了開店的地點及內部裝潢後，下一個問題是怎麼進貨。進書要透過中盤商還是直接跟出版社合作？最後B&B透過中盤商進貨，與一般書店一樣。用一般的作法，能使小型店鋪經營得很好。

內沼：是啊！實際上現在日本幾乎沒有新的獨立書店開張，雖然有書店開張、歇業的統計，但基本上新開張的全是連鎖書店，相對地，也有歇業的連鎖書店，不過社區書店倒閉的更多，這種情況已持續多年。

以前書店是很穩定的生意，如果是大樓的屋主，只要在一樓設書店，不僅容易處理退貨，營業額也會穩定成長，所以風險小，因此以前街角有很多小書店。但是，現在這種書店無法維持，因為開書店不賺錢，所以完全沒有新業者加入。即使是年輕人要開書店，也會面臨各種困難，如初期費用的問題等。

雖然我們喜歡獨立書店、亞馬遜，也喜歡大型書店，但是當我們要開社區書店時，認為還是要依循現有的體制，建立社區書店可經營的模式。

所以首先必須能在中盤商結構中進行。當然我們也可以完全離開現有的體制，直接跟出版社進書或是也賣一些舊書，但這與我們所說的社區書店不同。

為了和中盤商交易，我向他們做了說明，但他們認為「那麼小的社區書店不會賺錢」，我便強調我們書信的價值。

我說，我們要開的是新型的社區書店，因此店裡每天都會辦活動，供應啤酒，也賣家具，把社區書店當成一種媒介的嘗試。在思考書店未來的同時，中盤商就能利用我們獲得經驗。

書架陳列的堅持

嶋：我們書店的書約有六千本。是吧！

內沼：對。以這種規模的書店來說，這樣的數量不算多，但數量多是否就能賣得好？這點還不知道，我們現在還在實驗當中。

嶋：不曉得這種規模的書店，對應這樣的書籍數量，感覺上好嗎？以我們來說，六千本，店裡書在哪裡、有什麼書我們大概都曉得，而且都能照顧得到。整間店有三十坪，書店的部分則有二十五坪左右。店裡有六千本的書，要說少也算少。

內沼：應該算少的吧！

嶋：雖然少，但是我們並不想要經營成某些特殊文藝性的專門書店，所以，我們的藏書精簡，人文科學、自然科學、文藝、外國文學、雜誌等，除了學習參考書，該有的種類基本上我們都有。在很難拿到新書的情況下，我們先專注銷售其他已出版一段時間的書籍。

內沼：是啊！

嶋：我常想如何才能讓書架上的書吸引顧客的注意，使顧客一看到書架，就注意書架上的東西。要是由一個人負責所有書籍的陳列，擺的書可能會只有單一類型的現象，所以我覺得由幾個人來放各自想放的書會比較好。

內沼：來談談備貨的原則吧！

嶋：我們對這十分堅持，偏離我們主軸的書不會擺。雖然目前書店只有六千本書，但該有的書還是會有，常常有很多有趣的書。

內沼：我們是社區書店而不是專門書店，所以，想放哪一類書，我們都有適當的位置可放。不過因為只有六千本的位置，無法放所有的書，因此我們是以幾個人而非一人的觀點來選想擺的書，但又不同於「一般」的備貨作法。

所謂「一般」的作法，如果要把文庫本的書擺在文庫類，怎麼擺都差不多，最重要還是要先從人氣商品開始擺。而我們選書的原則，則是只賣喜歡的書。每天檢查是否有喜歡的書，然後進書、賣書。

嶋：擺的書都有經過篩選呢！

內沼：是啊！我們不擺流行類的書。書本身就會散發訊息，我們還會把相關有趣的書籍擺在一起，希望客人來看。

嶋：常有人問我有什麼推薦的書，其實店裡擺的書全是我們想推薦的，而且推薦的書會因人而異，所以我會想，要用什麼才能吸引來客的注意，不時在各種地方弄一些吸引人的東西。

內沼：所以，顧客喜歡的書架會因人而異，當顧客說：「我喜歡這書架上擺的書」我會很高興，所以我會再盡量提高這方面拿捏的「準確度」。

我們書店不大，很快就會逛完。要是地方變得更大，如果沒有標示，客人會不知哪裡有什麼書，只會看特定的地方，那樣就會很無趣。

顧客即使全逛過一遍，也不會花很多時間，若要細看，就要一直待在店裡，這裡的藏書量及涉領域的廣泛性可說剛剛好。

嶋：我想把這間書店弄成是一家只要有五分鐘時間，就可進來逛的書店。在看完電影的回程上、買東西的途中，還是等人的時候順便來逛逛，我們都非常歡迎。希望我們的書店，能成為一間一般人在日常生活空閒時可以來逛的書店。

我希望把這間店弄成是一個沒有目的、順便來逛逛書店，也可以有所發現的地方。我們最終的目的，是想讓店內的書，能吸引沒抱什麼目的顧客注意，讓他們覺得「看這本書可能不錯」。

內沼：是啊！決定想要某本書的人可以在亞馬遜買，而想要某本書但又想翻過之後再買，或是想多看某類的書再從中挑選，這類人可去大型書店。我們這種小店，有時客人要找某本特定的書就會沒有。

有時顧客會告訴我們想看某類的書，但畢竟這種規模的書店無法滿足所有人的需求，與其滿足「想知道某方面或想要某本書」的人，還不如讓「還沒決定自己要什麼但想要有趣東西」的人來店裡尋寶，然後看到很多東西都想買，這樣比較好。

外行人開書店

嶋：B&B的另一個特色是賣啤酒、每天舉辦活動和課程。我們既不是想開咖啡館，也不是想開辦活動的公司，而是透過這些應該可以讓顧客更愉快地選書。或許讓原本單純買書的行為有更深的體驗。

內沼：是啊！像我和你，喝了酒之後逛書店，常會不知不覺買下各種書，就只因為覺得很快樂。

嶋：一般人會說：「在書店賣啤酒會弄髒書。」「要是每天忙於辦活動，書店的事就會做不好。」但我們認為「這樣做很好啊！」我們很多創意就是來自「外行人的突然奇想」。

內沼：要是以一般書店實際書架間的距離，或平台的用法來考量，會認為要是有人把啤酒放在書上怎麼辦、啤酒不小心灑出來怎麼辦等等，但我們選擇歸零式的思考，而非以書店的常識來思考。

其實啤酒比書的利潤更高，若要考慮整個利潤，就必須扣除因弄髒書所造成的損失。書店開辦至今，不曾發生過因啤酒灑的到處都是，而使書和書架完全報銷，造成數十萬日圓損失之類的事。

只有過幾次因啤酒灑出來一點而使一、兩本書報銷，比起這些損失，從啤酒得到的利潤、在活動中喝啤酒的朋友們溝通得更順暢，從這些方面得到的更多。

供應啤酒是個「花招」，覺得有趣的人便會來書店等，有各種好處，這方面的好處超過損失。有預期內的事，當然也有預期外的部分，不過到目前為止結果都還不錯。

嶋：當然獲利也很重要，但這都是為了能銷售新書。

所以，使買書的行為更愉快，是為了幫助提升生意的「準確度」。我們還有其他類似的創意，不過打算先從小地方開始努力。

畢竟，一般的書店店員要「跨行」來倒啤酒並不容易。他必須學會啤酒起泡機的保養，還必須學會倒出好喝啤酒的方法，以及必須了解喝啤酒的人的心情。但是，若能懂得這些事，書店的工作就會讓人更快樂。這方面我們會不斷研究下去。

內沼：確實如此。剛才你說思考如何讓買書變成一件愉快的事，的確很重要。今後我們還是會繼續朝這方向努力，即使是一般書店認為不可行的事，我們也會思考可以怎麼做，去嘗試看看。

十二月三十一日，我們店裡要辦「在書店跨年」的活動，這也是一件很單純的事，我想要是能在書店跨年會很有趣。「在書店跨年」這主題應該不錯。

嶋：作家與讀者的關係，或編輯與讀者的關係、讀者間的關係，如果能在書店建立社群，就很好。每次辦不同類型的活動，就會產生不同類型的社群，真有趣！

內沼：真是越來越有趣了！

嶋：我們書店是一種實體的社交媒介呢！

內沼：剛開始，因參加活動而初次來店裡的人很多，很多人下次就變成店裡的顧客。有些一開始是主講人，看到我們店之後便很喜歡我們的店。

我們書店每晚都辦活動，請作家、雜誌的編輯或是與書有關的人來參與，因為活動內容不同，有時某一天來的全是女性，有時則全是中年男性，有各種不同的客群。不過相同的一點是大家都喜歡書，因此一旦成為我們店的客人，就會經常關注店內的活動行程表，再度參與。

「B＆B今天是辦什麼活動呢？」或是「下禮拜是辦什麼活動呢？」這些客人可能看了我們的網頁或店裡放著的活動宣傳單後，便會說「這一天我也會來。」顧客來過幾次後，慢慢就有點認識了，這就是在社區書店持續辦活動的好處。

我希望能多培養這種顧客。當然，一般過路客也很重要，但是我想更珍惜住在附近的人，或是因為喜歡B&B的活動而每周都會來的人。

嶋：每天店裡都有活動，不論顧客何時來都有活動，這點非常重要。書店是在日常生活中能讓你與未知事物偶遇的地方，活動也是其中的一部分。今後，以此為基礎來建立社群等等，或許這種書店會成為二十一世紀的典型書店。

內沼：是啊！現在才剛開店幾個月，還有很多可以實驗的事呢！

嶋：從小地方開始努力，像啤酒的倒法可以更精進，一點一點地求進步。

內沼：真的是可以一點一點地再改善。也可以想想樓下的告示板該怎麼寫比較能吸引顧客。

嶋：還有告示板的擺法，擺橫的是不是比較能讓人看得見。

內沼：還有在店裡怎麼另外適當地標示「可以喝啤酒」等等，這些改善的累積能讓銷售額一點一點地變好。當然，我們這種零售店，還有很多可改善的空間，永遠沒有盡頭。

嶋：書店的工作是永遠沒有結束的時候呢！因為每天都要花心思整理書架，讓書店呈現最好的狀態。

內沼：是啊！書店的工作真的是沒有結束的時候！客人也很期望我們書店的改變，畢竟書店與餐點味道總是相同的餐廳不同。去我們書店總是有這種樂趣，因為我們店裡的東西全部是會改變的。

嶋：是啊！這就是一種「動態平衡」的書店。

內沼：沒錯！

嶋：這就像是在一個接一個地補充不同的零件，書店的外殼沒變，但裡面的零件卻不斷在變更。

內沼：我們必須常想到要去做改變。就像你剛才說的，基本上，我們不是專門書店，我們有各種的書，即使是同樣的書，顧客心情不同，看到的東西便不同，這點也是很有趣。

今天帶著某種心情來的顧客，可能某本書會非常吸引他的注意，隔天再來的時候，書架上的書只是有點變化，但他注意的可能就是完全不同的書。所以我們還是必須不斷花心思整理書，來服務顧客。

就像我常說的，在狹窄的空間裡，要建立多大的世界，是書店可以做的事。書店裡有各種書，書店可在書與書之間建立連結。因此，書店雖小，但是它可以讓人看到全世界。

如果我們這種小書店也要這樣做，就必須在書之間建立很多連結，不然就無法將全世界放入其中，所以我們要更努力思考如何陳列書，使書架的內容更充實。

真的「不需要書」嗎？

內沼：為什麼現在這個時代還需要書？每個人看書的方法不同。我們可以從各種書中，做選擇，建立自己的想法、世界。要看什麼書、看完某本書後接下來要看哪本書，都可以自己決定。

當我們想知道某件事的時候，會上網查詢，或是看網路新聞，這些每天我們所看到資訊或是來自推特的資訊，這些很方便就能看到的資訊，儘管已經過個人化、有某種程度的篩選，仍不可能和大家完全不同，當然內容也就不會有多深入。

但是，透過看書，先看某本書，接下來再看其他書，透過不斷深入了解這個世界，才能真正累積自己的知識、經驗，或者應該說是「類似體驗過」的經驗。

看書不僅可充實人生，還能對工作有幫助。很多在工作上很傑出的人都愛看書。正因為現在看書的人變少了，所以愛看書的人容易出頭。

我們原本都有求知的好奇心，而什麼能滿足好奇心呢？如果不能建立一間有趣的書店，顧客便不會上門，這是理所當然的。

我們想做的事情是，讓那些認為「每間書店都一樣」的人知道，有不一樣的書店；建立一個讓顧客覺得有趣，來到店裡便會買很多書的書店。

逛書店，可以知道世界之大。你可以走到自己完全沒有興趣的書架看看，或在書店裡逛逛。譬如，我建議你走到儘量離自己最遠的書架去看看。

尤其人一旦習慣去大型書店，會在不知不覺間常去同一個書架，像是想要漫畫，便會往放漫畫的書架走去。而你可以走到跟你毫無關係，像育兒書之類的專區去看看。

當你看向育兒書專區，會看到即將為人父母的煩惱、欲望，能了解待產女人的心情。透過這些能讓你的世界更廣闊，在書店逛逛便能了解很多你沒想過的事。

嶋：聽你這番話讓我想到的是，逛書店不是划不划算的問題，而是讓大家感到「快樂」的途徑。當然書店擺滿有用的東西，能刺激工作的創意，但書店也有無用卻能使人快樂的東西。

內沼：逛書店，感覺就像「去旅行」。

嶋：那種感覺真的很好！書店是一個可與世界連結的地方。你常說「書架就是一個世界。」我聽了覺得你的想法真了不起，心想，「的確應該如此。」逛書店就能與世界相通，你剛才說的「去旅行」說得真好。

當然，旅行也有有益的一面，接觸未知土地的未知習慣與文化，不僅有益於人而且讓人覺得很快樂。那種置身異地的感覺，像是腦袋的開關改變一樣，不是很有趣嗎？

內沼：沒有一個地方可以像書店一樣，在狹小的地方裡，有各種東西，可讓人得到意想不到的體驗。在只有三十坪大的空間裡，所擺的書，從生到死都有。從世界的一端至另一端，從人性非常表面的部分至骯髒的部分，全都有。有椅子相關書籍，也有咖啡相關書籍、光學相關書籍，以及溝通相關書籍……。

偶然地走進一個小地方，在裡面逛逛，就會得到各種刺激，這不是很有趣嗎？或許我想說的就是「我們書店很有趣，大家要來逛逛喔！」

嶋：現在社會上大家都以「有用、無用」的標準來看待事情，在日常生活中能有一個不是以此種思維來思考的地方，真的很好。當然，來書店找「有用」的東西也是可以的。

內沼：真的是如此。「有用」也就是類似上網搜尋，然後便出現答案的事。所以，我們想建立的實體書店是——

嶋：一間「無用」的書店（笑）。

內沼：對！我們不是要建立像Q＆A的東西，有人丟個Q馬上就可得到A。

嶋：我們的書店，是讓人找Q。

內沼：我們書店是有很多Q的地方。如果沒有Q，我們便不知道自己為何而活。比方說，什麼都沒思考就得到A，就像一個人收入雖然增加，但他卻無法回答「該怎麼用這些錢？」這個問題。

嶋：說得好！「書店是讓人尋找新問題的地方」這概念真好。當然也可以利用書店來針對Q找A，但書店或許更適合做為一個讓人產生新疑問的地方。

內沼：沒有Q，會覺得人生很枯燥乏味。活著、思考是一件很有趣的事。所以，書店充滿Q的感覺是很有魅力的。

書店就是「一個世界」，而且這個地方就在走路可到的距離範圍內，真讓人覺得很幸福，不運用實在太可惜。逛書店，或許比去國外旅行更能讓我們巧遇重要的事物，而這種事每天都能發生在我們的日常生活中，那種快樂實在無法形容。

附錄

好想去逛的特色書店——浩一郎與內沼晉太郎的對談

《BRUTUS》二〇一一年六月一日號（Magazine House出版）刊載

整理／大池明日香

嶋：你每天一定會逛一家書店吧？

內沼：是啊！不是新的書店我也會每天去。

嶋：博報堂還在神保町的時候，我每天都會去一次三省堂書店，訓練自己將平台上所擺的書，用一句話總結，例如，「今天的氣氛是『對立』！」光是看暢銷書榜便能知道現在時代的氣氛。

內沼：當有很多類似的書出版，大型書店便會將相關的書整理擺在一起。變成是一種時代的象徵。

嶋：東京堂書店也很了不起。那裡因為常客來的頻率高，平台的書周轉循環最快。吉祥寺的淳久堂書店（ジュンク堂）設有蕈類、南北極等少見的書籍專區，我也常會想去那裡，大型書店就是有「完整性」的優點。說到大型書店，去年年底在梅田開張的「丸善＆淳久堂」書店就相當大。

內沼：就寬敞性來說，北海道的「Coach & Four」書店是平房，面積就有兩千六百坪大！可以看到其他顧客看起來就像豆子般，遠距離的感覺很有趣。

嶋：到大型書店，會讓我有「不知道的事竟然有那麼多！」的無力感。

「二十坪以下書店」的宣傳方式

嶋：好的書店是會顛覆我們購物概念的書店。當想買的書確定，透過網路書店買書很方便，但是，想知道的事裡，能化為文字的部分，也就是可用網路搜尋的部分，只有五％。而最好的書店就是有那剩下的九十五％——人無法具體化的、想要的東西——等待人去發掘。而很多小型書店則比大型書店更有特色，雖然我喜歡像圖書館般裝滿資訊的大型書店，但是「二十坪以下的書店」也很有趣呢！

內沼：大型書店的話，就會把什麼書都往書架上放。

嶋：從這點來看，我就很喜歡代代木上原的幸福書房。店長想賣的書，同本書一定會「擺兩本」。榮格（Carl Gustav Jung）〈※36〉和小津安二郎〈※37〉的書都擺兩本，有關寄生蟲的書或自動販賣機、保險套的歷史等，不知有何用但有人會想看的書，也是擺兩本，店長的想法很奇妙。

內沼：這是店長的興趣（笑）！你問過書店的人了嗎？

嶋：沒有，同樣的書會擺兩本應該就是一種宣傳，所以我沒問。不過同一本書如果只進兩本會非常麻煩，那還需要特別處理。

內沼：因為中盤商一般只會配送印刷量多的書給小書店。

嶋：這家書店「收銀機擺設戰略」也很了不起，一般書店的收銀機旁都是擺時刻表、訊息雜誌以免被偷，而幸福書房則是擺飲食相關書籍。所以可能有人買了關於保險套的書，又買麵包或紅茶相關書籍。另外，在收銀機旁的擺設戲法上，書原書店也是無人能出

※36 一八七五～一九六一年，瑞士知名心理學家、精神科醫師，分析心理學創始者。

※37 一九〇三～一九六三年。日本已故名導演。

其右。他們會擺毛毛蟲圖鑑、青鱂魚飼養方法、校正記號寫法等書，讓顧客有意想不到的邂逅。

內沼：代代木上原的「LOS PAPELOTES」書店也很好。

嶋：還有文教堂書店也不錯。代代木上原的這三家書店各有特色，我都喜歡。另外，還有一間宣傳手法直接、強烈的「Books高田馬場」可與幸福書房同樣書擺兩本的委婉作法相抗衡，這間書店我也很喜歡，我個人覺得這是日本最積極銷售漫畫的一家店，這家店的牆上四處貼著用麥克筆寫的廣告長紙條，上面寫著《烙印勇士》〈※38〉之類的文字。

內沼：就積極性來說，「讀書的推薦」（読書のすすめ）這家書店也很好。

嶋：他們的文宣風格超級強悍，像「如果這本書你不能看一千次，那就別買！」還有鳥取的定有堂書店也是，有時候他們的書架上會突然出現寫著「小小一本書的衝擊」之類的文宣。宣傳手法獨特的書店真有趣。

※38　日本漫畫家三浦建太郎所作的奇幻漫畫。

谷根千、中央線、下北澤
——東京每個地區的書店都各有特色

內沼：社區書店中有間全國知名的千駄木「往來堂」書店，我曾在那打過工，後來從事現在的工作。這家書店以「關聯式書架」知名，前身是曾位於大塚的田村書店，該店就是日本第一家採用將一般置於店前面的雜誌改放後面，而將書籍改放前面經營方式的書店。往來堂書店也是不到三十坪。

嶋：我還記得我曾在這間店，受到關聯式書架的引誘而買了《玩西洋棋的樂趣》這本書。千駄木一帶我也很喜歡。路上同一側有「Books & cafe BOUSINGOT」書店和「Booksアイ」書店，這些書店都營業到很晚，非常好。「Booksアイ」獨特的書腰POP海報也是一絕。谷根千〈※39〉一帶有很多很有特色的書店。

內沼：是啊！這地區還有舊書咖啡店「結構人Milk Hall」。另外，還有「古書ほうろう」書店及日暮里的「信天翁」書店。

※39 谷中、根津、千駄木一帶的總稱，東京著名老街區域。

嶋：神保町是Milonga、Savor等咖啡店聚集的世界，千駄木、根津一帶則有不錯的酒吧。買完書後，有時我會順便去日暮里初音小路裡面的「C'est qui?」或根津只賣紐西蘭酒的ＮＺ酒吧。

內沼：中央線一帶也有很多書店。最近新開的書店有荻窪的舊書咖啡店「6次元」及西荻窪的「音羽館」書店。高円寺附近也有很多客人能在店裡飲酒的書店，真好！像是位於小巷弄裡的「アバッキオ」書店及有供應文人料理的「古本酒場コクテイル」書店。最近新開張的「BLIND BOOKS」，也是客人可在店裡邊看藝術書籍邊飲酒的地方。最近能在店裡吃東西的書店變多了！但變成純咖啡酒吧，會沒辦法賣書，並且這樣就不是書店，要兩全其美、取得平衡很難，可讓喜歡書和吃東西的人，在店裡吃東西的書店型態，似乎還不錯。位於下北澤《BARFOUT!》雜誌編輯部遷走以後所開的「Brown's Books & Café」也是咖啡書店。後面是編輯部，前面則變成咖啡書店。

嶋：位於下北澤的「好奇心の森Darwin Room」、「ほん吉」舊書店也是咖啡書店。這三家店各有特色、共榮共存。

內沼：那裡還有一間叫「幻游社」的舊書店（現已歇業）。

嶋：下北澤有很多富有文化氣息的商店，「Village Vanguard」在下北澤也設有分店。

內沼：雖然Village Vanguard的總店在名古屋，但是下北澤店卻是Village Vanguard所有店中最具特色的分店。

嶋：Village Vanguar沒有內部作業手冊，但其全國各分店ＰＯＰ海報的「Tone and Manner」卻很一致，其秘密就在於該店各分店做ＰＯＰ海報所使用的紙和筆是一樣的。他們店打烊時放的歌也很有趣，有機會可以去聽看看。

內沼：不同地區的書店會有不同的風格。谷根千一帶從以前便住著很多高齡的讀者，有著濃濃的下町庶民風情。我以前在往來堂，店裡飲食類的書，以及與江戶、東京有關的書都賣得很好。那時店裡一定都會將地理的歷史年表與歷史小說擺在一起。

嶋：歷史年表我也有買，那非常方便。俗話說「書店是客人建立的」。書店透過顧客才能真正發展起來。比方說，以前Magazine House隔壁的「新東京Bookservice」書店，藝術、文化相關書籍便很豐富；過去ＴＢＳ電視台附近的文鳥堂書店赤坂店，則是新聞類的書很多。

內沼：文鳥堂原宿店歇業時我很難過，那是社區書店的好典範。

嶋：以現在來說，赤坂的金松堂書店可說是一間很好的社區書店，店員看我一直看著放岩波新書的書架，便打開抽屜，讓我看架上沒有的舊「新書」。中村橋的中村橋書店和江古田的竹島書店，也是有很多好書的社區書店。以前位於朝日報社總部二樓的近藤書店，也是購買政經新聞類書籍的好地方。

內沼：那裡現在已變成「Book Cumu」書店，讀賣報社內也有他們的分店。連鎖書店中頗令人矚目的一間好社區書店是「あゆみBooks」書店，由該店董事所加盟經營的颯爽堂書店也很不錯。

嶋：「あゆみBooks」書店很了不起，書店旁就有集團的連鎖咖啡店。我在他們書店裡買書超過五千日圓，所以免費送我飲料券，聽到這件事時嚇了一跳。對了，吉祥寺的「BOOKS RUHE」書店前身也是咖啡店，更早則是蕎麥麵店。

內沼：「あゆみBooks」書店雖然是三十至兩百坪，但每間店皆融入各地的特色。早稻田店、小石川店都很不錯。

嶋：在連鎖書店中，「あゆみBooks」書店很有特色，他們會擺一些與當地風土人情有關的書籍。像早稻田店位於早稻田大學文學部附近，那裡可以買到一般人不會看的埃米爾・左拉（Émile François Zola）、馬塞爾・普魯斯特（Marcel Proust）等書。

令人沉迷而大買特買的書店

內沼：東京營業至深夜的書店越來越多了，涉谷有「山下書店」，還有營業至晚上十二點的「あおい書店」，不過創始鼻祖則是六本木的「青山書店」（營業時間現已變更），當時我去的是新宿的店，那是我大學時代讓我吸收新知最多的書店。

嶋：我剛入社會工作，有時周末深夜兩點還在青山書店逛，在那裡，會覺得自己變成大人，而且那裡有一種獨特的文化氣息。

內沼：六本木店的深夜很危險，有時我喝完酒變得很豪氣，在那裡買了一堆書。

嶋：就像沉醉在夜晚的青山書店，東京堂、教文館也讓我沉醉在變成大人的感覺裡，這時如果有池波正太郎〈※40〉先生的書就更好了。不過，若就書店空間本身的氣氛來說，我喜歡表參道的山陽堂書店，該店店裡後方螺旋梯我很喜歡，那裡的樓梯也變成書架。

內沼：山陽堂還會舉辦三島社展覽等不錯的小型展覽。乃木坂的「Bookshop TOTO」

※40 日本已故知名小說家，擅寫歷史小說。

和京橋的「LIXIL BOOK GALLERY」雖然是專門書店，不過也是一間任何人都會覺得有趣的好書店。

嶋：這兩家書店都設置廁所方面書籍的專區。INAX自己出版的系列書籍裡，有「鯱」和「鬼瓦」〈※41〉相關書籍。雖然兩家都以建築相關書籍為主，但其安排進入主題的方式都很有趣。啊！說到讓人沉迷，位於神保町交叉口的廣文館書店也是會讓人沉迷的地方。在這裡買雜誌或什麼的，都會讓人很開心，因為這家書店就位於最能感受神保町書店街氣息的神保町交叉口，在廣文館搶先買到《花花公子周刊》、《DIME》的喜悅，只有在出版社、中盤書商雲集的神保町才能體驗得到，感覺就像是購買產地直送的蔬菜一樣（笑）。

內沼：這方面的事我從沒想過（笑）！

讓人想要專門拜訪的特色書店

嶋：對了，下次你如果去京都，不妨去車站的「BOOK KIOSK」書店逛逛，不知為

※41 皆是日本傳統建築屋脊兩端的裝飾物。

什麼那裡竟然有賣漫畫《殺手13》。站內書店一般都是商業書籍居多，但這家店有賣整套的《殺手13》。有時我在回程時會買一集再搭新幹線。而位於京都八條口站的「ふたば書房」也很有趣，那裡有擺親鸞〈※42〉、黑船事件〈※43〉前的歷史之類的書，我在那裡買了不少書。

內沼：盛岡站裡的「さわや書店」Fezan店也很不錯。さわや書店總店出過一位傳說中的店長伊藤清彥，他從東京前往盛岡，將該店的銷售額倍增，後來還出版了一本書《盛岡さわや書店奮戰記》。真奇怪，他經營的書店裡像有一股魔力似地會讓人一直想往店裡頭走。

嶋：這是「森林熊先生」〈※44〉的一種戰略（笑）。

內沼：很可惜，伊藤店長已不在了，現在那裡是另一位店長在管理。雖然只是一家車站書店，但是他們卻將新書按主題別整齊地陳列著。

嶋：將新書按主題別陳列看似容易，實際上庫存管理非常麻煩。

內沼：仙台也有很多獨立書店，「火星の庭」是第一家開始經營咖啡的書店，之後仙台青葉區附近也出現「magellan」咖啡書店。東北大學工學部校區內的「BOOOK」咖啡書

※42　一一七三～一二六二年，日本淨土真宗之祖。

※43　一八五三年美國以戰船威嚇日本結束鎖國政策。

※44　多數日本人耳熟能詳的一首童謠。

店，是幅允孝〈※45〉先生在規劃選書。關西地區的獨立咖啡書店，大阪的「Calo」書店是先驅。Calo的石川小姐曾任職於關西前知名藝術書籍書店「AMUZU」，她直接向數十家出版社採購新書、外文書，此外她還採購舊書、去國外看書展、自己泡咖啡。東京以外的城市，有很多結合畫廊、咖啡店功能，依經營者的品味選書的好書店。

嶋：地方的獨立書店和老書店都很有趣，我也想去BOOOK看看！

內沼：大阪的「iTohen」書店也很有特色，正因為是在地才有這種獨立書店。這種書店若能增加，就太好了。如果每個城鎮都有一、兩間這種書店，旅遊的快樂就會更多。

日本傳說中的書店店員

內沼：我小時候印象最深刻的書店，是琦玉市伊勢丹百貨隔壁CORSO購物中心裡的須原屋CORSO店。須原屋是琦玉市的老書店，我念小學時，父母帶我去過那裡。

嶋：則是現已不存在的經堂キリン堂書店，這是植草甚一〈※46〉曾經常光臨的知名書店。這家書店是我記憶中第一次去的書店，是一家非常好的書店。

※45 日本首位「選書師」，首創「書店編輯」工作。

※46 已故日本藝文評論家。

內沼：我大學時代常去國立市的一家舊書店，大概是我去第二次的時候吧！我什麼也沒說，那家店的店長便讓我看他的進貨記事本。那家書店書好又便宜，更新速度也快，真是美好的回憶。說到國立市，相傳增田書店店長能記得店裡書架上所有的書。你問他書的位置，他就能告訴你書在幾樓的第幾個書架右邊算起第幾本，是一位很神奇的人。

嶋：說到神奇的人，「SIGUMA」書房（現已歇業）的店員，只要看一下書，把紙摺一摺，不用比對大小就能做出剛好的書套，光這一點就有值得去一趟的價值。幫書加上書腰的明正堂書店，也很神奇。

內沼：他們是在書原來的書腰上再加另一個書腰。一般書店都只做某幾本要特別促銷的書，而明正堂則是他們覺得不錯的書都做。很費事，不過感覺很好。對了，三省堂成城店有過一位POP海報王——內田剛店長，可惜他現在已不在店裡了。

嶋：這裡稍微離題，來追溯在書店淵源一些重要的人，也很有趣。惠文社的店長堀部篤史，學生時代便常去三月書房買《牙狼》（GARO）；定有堂書店則是往來堂書店前店長安藤哲也、「BOOKS KUBRICK」書店的大井實、「Ihara Heart Shop」書店的井原萬美子都曾去過的書店，追溯下去就像追溯蕎麥麵店之間的淵源一般。「Ihara Heart Shop」是和歌山山裡的店，位於從和歌山車站搭電車和巴士約需三小時車程的地方，因為位於鄉下，所以是個連同種子、鹽巴什麼都賣的雜貨店，不過這家店會在店裡舉辦《怪傑佐羅力》的作家原畫展之類的活動，是一家不容錯過的店。

內沼：這家店我沒去過，有機會我會去看看。說到書店的淵源，「limArt」（現以POST之名營業）則是曾任職於「...on Sundays」書店的中島佑介所開的。

其他你也會想去逛一次的特色書店

嶋：國會議事堂裡的五車堂書房，是日本最難進入的書店，這間書店位於必須通過金屬偵測器才能進入的地方。另外，因為環境的關係，築地市場〈※47〉裡面的墨田書房也是位於很特別的地方。這家書店當初想在築地設分店，最後無意間開在市場裡面，現在變成壽司、飲食類書籍很豐富的書店。這裡我想介紹「ガケ書房」，這家店有個作法，就是不會把客人放錯的書放回原處，他們把他們的書架叫做「偶然發生的（happening）書架」。ガケ書房為了不希望顧客買了後悔，而把有封裝的雜誌拆封後再陳列銷售。這家書店有養

※47 日本最大魚市，位於東京。

烏龜，但烏龜冬天會冬眠，所以要去看烏龜的人要注意這點。

內沼：ガケ書房還有一項作法就是讓客人寫下想推薦的書及其POP海報後放入信箱，他們就會進該本書並使用客人所寫的POP海報。

嶋：這家店懂得什麼是「書架上要擺什麼書由顧客決定」。

內沼：最近在金澤開第二家分店的「オヨヨ書林」也是一間好書店。這家書店原來在千駄木，以想將店開在環境優美的地方為由搬遷到表參道，再遷到金澤。這家店搬去金澤，他們曾說，夢想是繼續在日本各縣市遷移，但不知為何現在卻在金澤開第二家分店。

嶋：大島町的成瀬書店將所有客人買過的書從昭和三〇年代開始做成清單。由於位於離島，書店退貨成本高，所以進書很慎重。

內沼：就東京的書店來說，吉祥寺的「百年書店」也是一間好書店。

嶋：用舊書建立「關聯式書架」很不容易，但這家店卻還是這麼做，他們的努力真了不起。新宿的伊野尾書店也是一間很特別的書店。

內沼：伊野尾書店店長愛看摔角賽，曾在店內舉辦「書店職業摔角賽」邀請職業摔角手參加比賽，在粉絲間引起極大的回響。

嶋：伊野尾書店還曾在書店辦過露宿活動！雖然那只是讓參加者單純地在屋子裡睡到早晨的一個活動而已。這只是一間社區書店，卻能訂定書架上書籍的主題。書店基本上賣的書都一樣，但有的店會以摔角賽、露宿活動來吸引客人的興趣。有的書店是悄悄地將同樣的書擺兩本，有的書店是用麥克筆寫《烙印勇士》的文字。從這些作法都可看到各家獨立書店的努力。

內沼：如果你是不知在哪間書店買什麼書才好，可以去大型書店四處逛逛。去你一般不會看的書架，會讓你有驚奇的發現。我也建議旅遊或出差，可以去在地的書店看看。

嶋：我建議聚會可以約在書店，這樣就一定能接觸到書。

內沼：不過事實上，有時事後我才突然發現，怎麼我買的都是些原先沒想過要買的書。

嶋：你說的這種情形我懂！就像知道自己買了酒或小津安二郎、伍迪・艾倫（Woody Allen）相關的書，事後才猛然發現，這些書有何用處自己都不知道，卻買了一大堆。好書店就像這樣，能使九十五％未知的欲望和需求顯現出來。

國家圖書館出版品預行編目(CIP)資料

讀書店的逆襲：日本廣告鬼才帶你逛書店,找創意 / 嶋浩一郎著；陳政芬譯. -- 初版. -- 新北市：智富, 2019.08
面； 公分. -- (風向；104)
譯自：なぜ本屋に行くとアイデアが生まれるのか
ISBN 978-986-96578-5-3(平裝)
1.書業 2.日本

487.631 108010407

風向
104

書店的逆襲

日本廣告鬼才帶你逛書店，找創意

作者	嶋浩一郎		
譯者	陳政芬	責任編輯	李芸
主編	陳文君	封面設計	劉凱亭
出版者	智富出版有限公司		
地址	（231）新北市新店區民生路19號5樓		
電話	（02）2218-3277		
傳真	（02）2218-3239（訂書專線）（02）2218-7539		
劃撥帳號	19816716		
戶名	智富出版有限公司		
世茂網站	www.coolbooks.com.tw		
排版製版	辰皓國際出版製作有限公司		
印刷	祥新印刷股份有限公司		
初版一刷	2019年8月		

ISBN 978-986-96578-5-3
定價 300元

Printed in Taiwan